前言

F-15鷹式（Eagle）戰鬥機絕對是1980年代初期全世界名氣最響亮的現代噴射戰鬥機。市面上有相當多F-15的玩具，能讓像我這樣的年輕粉絲在親眼目睹實體機之前，近距離仔細看清楚它的巨大進氣口、雙垂直尾翼、短小的多角機翼和尖銳的機鼻。而這些玩具在各種遊樂場和寢室空戰纏鬥的次數，無疑也比真正的F-15多上許多。

這架外形絕對不會被錯認的經典飛機直到今天仍在服役——這是在50多年前的1960年代末期，構想出這架飛機的麥克唐納-道格拉斯（McDonnell Douglas）工程師和設計師做出的不可思議貢獻。在渾身肌肉的大塊頭F-15之後，F-16看起來比較像是靈活刁鑽、攻擊性強的刀鋒戰士，更貼近它的非官方綽號「毒蛇」（Viper），遠勝於正式稱呼「戰隼」（Fighting Falcon）。

這兩款飛機引領我認識在美國空軍服役的多種卓越飛機。歸功於岡斯頓（Bill Gunston）和格林（William Green）等人的著作，當我開始了解到美國還有使用其他軍機時，我也興起了一個念頭，就是要製作一份從F-1到F-111，屬於我自己的美國空軍戰鬥機型錄。但因為其中各種分歧和型號命名的錯綜複雜因素，這當然是不可能的事情，但也彰顯出多年來在美國空軍服役的飛機變化多端，令人著迷。

當空軍在1947年成為美國武裝部隊的獨立軍種時，它所配備的少數幾架噴射機全都是P-80/F-80流星式（Shooting Star）。與曾和希特勒麾下德國空軍鏖戰到二次大戰結束的高性能活塞引擎戰鬥機相比，這款戰機本身就是卓越的進步。其他設計隨即跟著推出，但沒有哪一種可以像北美航空工業公司（North American Aviation）的F-86軍刀式（Sabre）戰機如此成功，在朝鮮半島上空與米格機纏鬥贏得赫赫威名。

儘管軍刀式是纏鬥高手，它配備機槍，目的是先接近敵人，接著再盡可能把槍彈射到敵機身上，直到擊落為止。不過到了1950年代初期，導向飛彈顯然是戰機戰鬥的未來發展方向。因此掌握尖端飛彈科技的美國空軍就全力以赴，讓能充分運用此種新發展到極致的戰機服役。

這件事的結果就是一系列的戰機設計愈來愈不考慮空中纏鬥——它們速度更快、重量更重，比起以往的戰機更加依賴電子系統。當美國被捲入越戰後，這些掛滿飛彈的戰機在對抗堅持在近距離使用機砲的對手吃足苦頭，此外也發現它們格外容易受到部署在北越的蘇製先進地對空飛彈系統的攻擊。

F-4在這場戰爭中成為美軍最佳的全方位戰機，在自由世界的銷售成績也相當亮眼，但是在東南亞叢林上空學到的教訓，已經注入美國下一代空軍戰鬥機的設計和研發當中——也就是F-15和F-16。儘管今天這些飛機在經過大幅升級後依然繼續服役，但最新一代的戰機卻更加先進。

當F-22的概念設計在1990年代初期問世之後，「匿蹤戰機」看起來就像是從科幻電影裡飛出來一樣——全身上下充滿稜角、之字形花紋和暗灰色塗裝，不知為什麼看起來總是「濕濕的」。現在，F-22是全世界最棒的戰鬥機，絕對勝過中國和俄國看起來外觀相似的機種，它的新手足F-35儘管有所爭議，但這架小戰機能不能發揮身為「多用途」戰鬥機的潛力仍然還有待觀察。

這本書透過知名航空插畫家維埃拉（JP Vieira）的精美畫作，依照年代先後依序介紹美國空軍的噴射戰鬥機。希望各位能夠和我一樣，對這些令人讚嘆的五花八門設計感到驚奇，並樂在其中。

MORTONS 出版社編輯
丹‧夏普（Dan Sharp）

關於插畫家

維埃拉是一名擅長創作軍事歷史和航空主題藝術作品的插畫家。他完全無師自通，時時刻刻致力於提升作品中的技術和藝術細節，作品融合了傳統和數位手法。他對細節的注意和不斷精益求精的態度，使作品不但精確度令人滿意，藝術功力也值得讚賞。

維埃拉曾和許多作家、編輯和出版商合作，推出過許多作品。

洛克希德-馬丁F-22猛禽式戰鬥機

2019年8月17日，F-22示範表演隊隊長羅培茲（Paul Lopez）少校在芝加哥水上航空節（Chicago Air and Water Show）中展示這架世界第一款第五代戰機獨一無二的飛行性能。
美國空軍照片由埃克宏（Samuel Eckholm）少尉拍攝

USAF FIGHTERS

目錄

002

052 | 麥克唐納
F-101巫毐式

058 | 康維爾F-102
三角劍式

064 | 洛克希德F-104
星式

068 | 共和F-105雷公式

076 | 康維爾F-106
三角鏢式

084 | 麥克唐納-道格拉斯
F-4幽靈二式

094 | 通用動力F-111
土豚式

096 | 麥克唐納-道格拉斯
F-15鷹式

106 | 通用動力F-16
戰隼式

116 | 洛克希德-馬丁F-22
猛禽式

122 | 洛克希德-馬丁
F-35閃電二式

洛克希德 F-

F-80 在第二次世界大戰時以 P-80 的編號展開服役生涯，它是繼性能乏善可陳的貝爾（Bell）P-59 空中彗星（Airacomet）之後美國的第二款噴射戰鬥機。它是第一款、也是唯一一款在美國陸軍航空軍（USAAF）服役的噴射機，也是美國空軍在 1947 年成軍時唯一現役的噴射機。

隨著當局發現德國正在研發雙噴射引擎的梅塞施密特（Messerschmitt）Me 262 戰鬥機之後，XP-80 的研發工作在 1943 年展開。由詹森（Kelly Johnson）領導的洛克希德（Lockheed）的工程研發團隊在 1943 年 5 月 17 日奉命設計一款新式噴射戰鬥機，配備英製哈爾福德（Halford）H-1B 引擎，也就是日後的德哈維蘭（de Havilland）

1945-1958

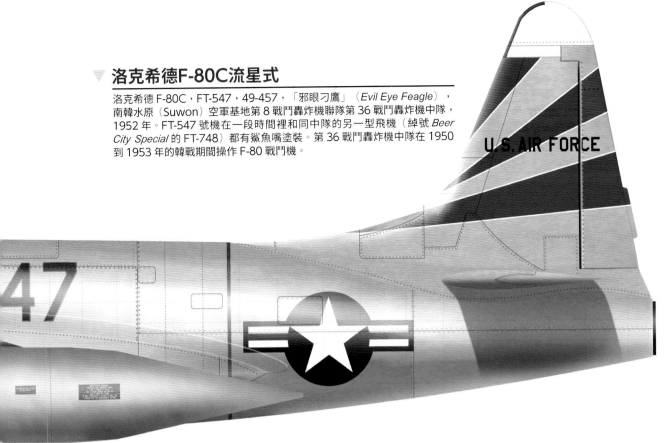

▼ 洛克希德F-80C流星式

洛克希德 F-80C，FT-547，49-457，「邪眼刁鷹」（*Evil Eye Feagle*），南韓水原（Suwon）空軍基地第 8 戰鬥轟炸機聯隊第 36 戰鬥轟炸機中隊，1952 年。FT-547 號機在一段時間裡和同中隊的另一型飛機（綽號 *Beer City Special* 的 FT-748）都有鯊魚嘴塗裝。第 36 戰鬥轟炸機中隊在 1950 到 1953 年的韓戰期間操作 F-80 戰鬥機。

80流星式

妖精（Goblin）引擎。

詹森收到代表英國多年來的渦輪噴射引擎研究和引擎藍圖等相關文件後，於次月提出一份設計提案，並預估可以在 180 天內徹底完成原型機並準備試飛。結果實際上他只花了 143 天，在 11 月 16 日就把完成的機身送往南加州的穆羅克（Muroc）陸軍機場，也就是今天的愛德華（Edwards）空軍基地。

第一具從英國送來的引擎，在次日的地面測試中因為飛機的進氣道塌陷而毀損，他們緊急找到替代品，因此系列編號 44-83020 的第一架 XP-80 總算可以在 1944 年 1 月 8 日首飛。它安裝的是當時所剩最後一具還能使用的 H-1 引擎，是從德哈維蘭吸血鬼式（Vampire）的原型機上拆下來的，才有辦法運送到美國。

測試結果顯示這架綽號「露露貝爾」▶

▲ 洛克希德F-80C流星式

洛克希德 F-80C，FT-705，49-705，綽號「流浪者瑞克二」（*Ramblin'Reck Tew*），南韓水原空軍基地第 8 戰鬥轟炸機聯隊第 35 戰鬥轟炸機中隊，1950 年。在韓戰期間，這架飛機於 1950 年 7 月 27 日締造美國空軍最早的噴射機對噴射機空戰勝利紀錄。

洛克希德F-80C流星式

洛克希德F-80C流星式，FT-591，4，綽號「遊民精神」（*The Spirit of Hobo*），南韓金浦（Kimpo）第8戰鬥轟炸機聯隊第80戰鬥轟炸機中隊，1952年。這架飛機由吉博爾（Warren Guibor）中尉駕駛，在1952年10月時塗上韓戰中第5萬趟出擊的紀念塗裝。

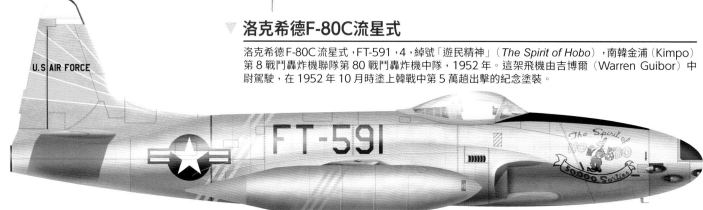

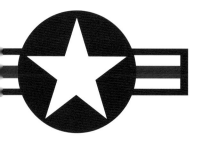

（*Lulu-Belle*）的飛機可以在6242.3公尺的高度達到每小時807.89公里的速度。第二架和第三架原型機都獲得新的XP-80A編號，動力來源為美方以英國噴射引擎先驅惠特爾（Frank Whittle）的引擎設計為基礎繼續研發出的引擎，即通用電氣（General Electric）的I-40引擎，也就是艾里遜（Allison）的J-33引擎。第一

架的外表塗成珍珠灰，因此獲得「灰鬼」（*Grey Ghost*）的綽號，而第二架則沒有塗上任何顏色，因此之後就被稱為「銀鬼」（*Silver Ghost*）。

這兩架「鬼魂」都用來進行引擎和進氣道測試，而在這些測試進行的同時，下一批編號為YP-80A的飛機也在1944年末開始服役，總共有12架；此外當局還生產了

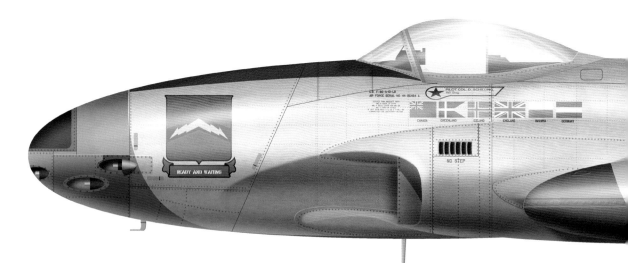

◄ 洛克希德F-80B流星式

洛克希德F-80B，16，45-8614A，「咕嚕小貓」（*Purrin'Kitten*），
德國福斯坦非布魯（Fürstenfeldbruck）第22戰鬥機中隊，
1948年。1948年7月，這架飛機和該單位其他飛機一起經由巴
拿馬運河移防德國，並未漆上該中隊的藍底「拳擊蜜蜂」標誌。

◄ 洛克希德F-80B流星式

洛克希德F-80B，FT-182，44-85182，美國內華達州奈利斯（Nellis）空軍基地飛行器射
擊學校（Aircraft Gunnery School），1950年。FT-182配發給飛行器射擊學校，用來訓
練空勤機組員，之後這個單位更名為美國空軍戰鬥機武器學校（USAF Fighter Weapons
School），加入了假想敵中隊。

第13架YP-80A，並修改成照相偵察機型，
但在1944年12月的意外中失事墜毀。

只有兩架預生產型YP-80A流星式曾
在二次大戰期間服役，短暫地跟著第1戰
鬥機大隊在義大利萊西納（Lesina）的
機場作業，另外兩架則是駐防在位於柴郡
（Cheshire）的皇家空軍柏頓伍德基地
（RAF Burtonwood），但只負責驗證和

飛行測試。

量產型的流星式動力來源為安裝在機
身內中央位置的一具J-33-GE-9噴射引擎，
它的空氣動力設計相當簡潔，因此在1524
公尺高度水平飛行時可以達到每小時862.6
公里的速度，令人印象深刻，不過只有在整
個機體完全塗裝且沒有掛載翼尖油箱的情況
下才能達成。

▲ 洛克希德F-80A流星式

洛克希德F-80A，FN-464，44-85464，德國福斯坦非布魯飛行器射擊學校，1948
年7月。這架飛機是第56戰鬥機大隊大隊長席林（David Schilling）上校的座機，
機身上有特殊塗裝，紀念「能幹狐狸行動」（Operation Fox Able）圓滿成功——
美國空軍噴射戰鬥機首度飛越大西洋（從美國到德國）。

洛克希德F-80B流星式 ▽

洛克希德 F-80B，FT-043，44-8503，美國安德魯斯（Andrews）空軍基地第 334 戰鬥機中隊，1947 年。第 334 中隊在 1947 到 1949 年操作流星式，只有兩年的時間，之後就換裝為 F-86 軍刀式戰鬥機。

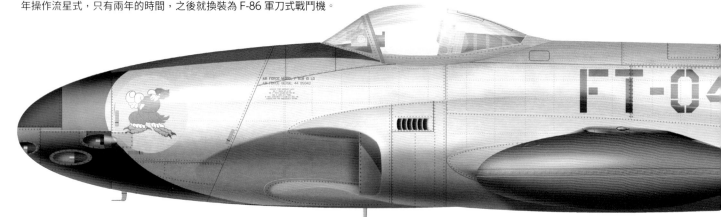

在只有天然金屬拋光表面並加掛延伸航程用的翼尖油箱時，由美國陸軍航空軍飛行測試部門實施的性能測試結果顯示，最高速度只會略高於每小時 804.7 公里，比當時絕大多數噴射機都要來得慢。

儘管如此，美國陸軍航空軍還是在 1945 年 2 月正式接受此款戰機服役，並下了一張初期生產的訂單，購買 344 架 P-80A，之後又追加 180 架，全都採用天然金屬拋光表面處理並加掛翼尖油箱。

下一個重要的量產型號是 P-80B，配備改良過的 J-33 引擎，並首度配備彈射椅──其餘的 P-80A 在翻新時也跟著安裝；P-80C 的產量最大，共生產了 798 架，此外還有 129 架 P-80A 升級到 P-80C 標準，因此 P-80C 總數就達到 927 架。

不過自 1948 年開始，這些機型都因為雙座機型的推出而黯然失色：也就是 T-33 教練機，生產量高達 6557 架。

雖然 P-80 在 1947 年時重新編號為 F-80，且飛行員都十分享受駕駛這款戰鬥機的感覺，但它確實有些問題，一些技巧高超的飛行員也在測試早期機型時不幸喪命。1944 年 10 月 20 日，洛克希德的首席工程試飛員伯查姆（Milo Burcham）在加州伯班克（Burbank）的洛克希德機場殞命。YP-80 的一組主燃料幫浦故障，導致引擎突然熄火，因此墜機，而飛機當時並沒有配備彈射椅；但若有人告訴伯查姆機上有一組

剛裝上去的緊急燃料幫浦備援系統可用，也許可以拯救他的性命。

1945 年 3 月 20 日，「灰鬼」因為渦輪葉片折斷並撞裂機身尾段，使得結構受損；接替伯查姆的萊維爾（Tony LeVier）當時正在機上，他設法跳傘，但著陸失敗，折斷了背部，花了六個月穿著支架緩慢復健，才又回到飛行的工作崗位上。

第二次世界大戰期間擊落數最高的美國陸軍航空軍飛行員邦格（Richard Bong）少校在 1945 年 8 月 6 日駕駛一架量產型 P-80A，也遇到主燃料幫浦故障的

狀況，他很明顯地忘記啟動緊急燃料幫浦後援系統，並選擇在飛機倒轉過來的時候跳傘；不幸的是，他當時高度太低，在降落傘張開之前就撞擊地面，不幸遇難。

F-80C 和 RF-80 照相偵察機都曾在韓戰中出勤，其中 F-80 更參與過最初兩場噴射機之間的空戰並擊落敵機。俄國米格 -15 飛行員霍米尼奇（Semyon Fyodorovich Khominich，有些紀錄為 Jominich）宣稱在 1950 年 11 月 1 日擊落由二次大戰老兵西克爾（Frank L. Van Sickle Jr.）少校駕駛的 F-80C，但美方則表示西克爾是被高射砲火擊落；11 月 8 日，F-80C 飛行員布朗（Russell J. Brown）中尉宣稱擊落一架米格 -15，但根據蘇聯方面的紀錄，當天沒有任何米格機被擊落。

韓戰很快地證明 F-80 已經被蘇聯下一代噴射戰鬥機超越，到了戰爭結束時，唯一仍在前線服役的 F-80 只剩下 RF-80。在韓戰期間，F-80 總共在勤務中損失了 277 架，當中有 113 架被高射砲火擊落，14 架在空戰中損失。●

洛克希德F-80B流星式 ▷

洛克希德 F-80B 流星式，FT-507，亞利桑那州威廉斯（Williams）空軍基地美國空軍戰鬥機學校，1950 年。頂尖噴射機隊（Acrojets）是美國空軍第一支噴射機特技飛行表演隊，於 1948 年由戰鬥機學校的飛機和人員組成。

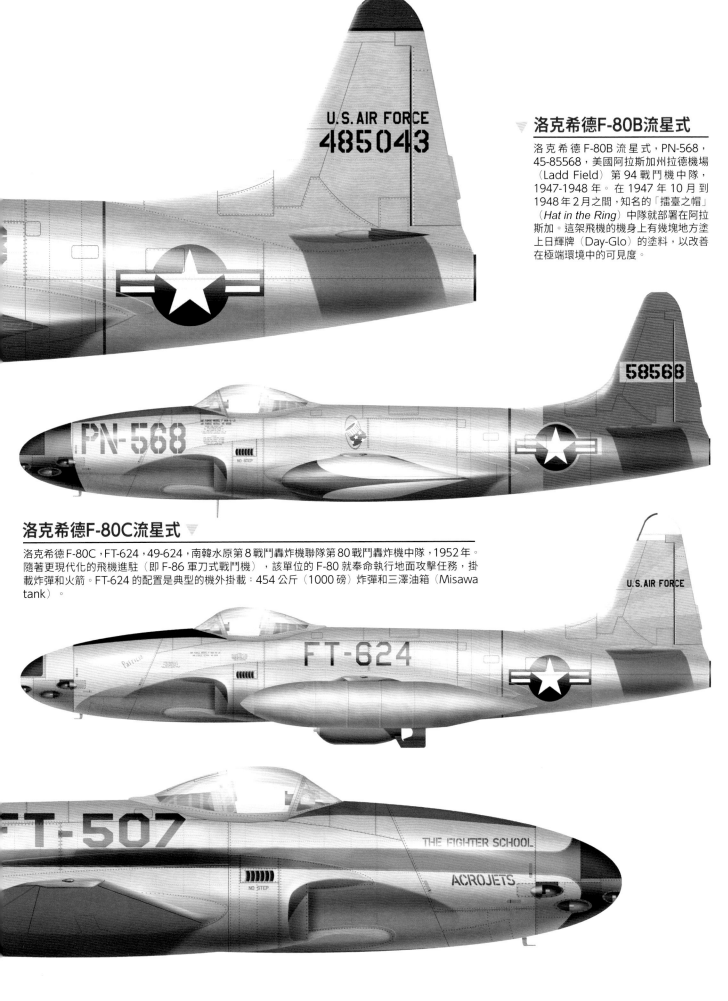

洛克希德F-80B流星式

洛克希德 F-80B 流星式，PN-568，45-85568，美國阿拉斯加州拉德機場（Ladd Field）第 94 戰鬥機中隊，1947-1948 年。在 1947 年 10 月到 1948 年 2 月之間，知名的「擂臺之帽」（*Hat in the Ring*）中隊就部署在阿拉斯加。這架飛機的機身上有幾塊地方塗上日輝牌（Day-Glo）的塗料，以改善在極端環境中的可見度。

洛克希德F-80C流星式

洛克希德 F-80C，FT-624，49-624，南韓水原第 8 戰鬥轟炸機聯隊第 80 戰鬥轟炸機中隊，1952 年。隨著更現代化的飛機進駐（即 F-86 軍刀式戰鬥機），該單位的 F-80 就奉命執行地面攻擊任務，掛載炸彈和火箭。FT-624 的配置是典型的機外掛載：454 公斤（1000 磅）炸彈和三澤油箱（Misawa tank）。

共和F-84
雷霆噴射式

F-84 儘管動力不足，且有結構和機械上的缺陷，但依然在韓戰期間締造優異的服役紀錄。經過充分的發展，攻擊戰鬥機這個角色對它來說可謂綽綽有餘。

1946-1965

共和F-84E雷霆噴射式

共和 F-84E，FS-478-A，綽號「小布奇」（Lil' Butch），51-478，南韓大邱（Taegu）空軍基地（K-2）第 49 戰鬥轟炸機聯隊第 9 戰鬥轟炸機中隊，1952 年。這架 F-84 配備噴射輔助起飛（Jet-Assisted Take-Off，JATO）瓶，因此起飛所需距離較短，並能提升航程和／或提高外部酬載能力。它總共有兩組噴射輔助起飛瓶，安裝在後段機身下方，一邊一組，會在起飛之後拋棄，但可回收重複使用。

共和航空（Republic Aviation）在展開第一個噴射戰鬥機計畫 AP-23 時，已經因為在 1944 年末期開發出動力極為強勁充沛的活塞引擎戰鬥機 P-47 雷霆式（Thunderbolt）而前途一片看好。研發團隊由該公司的首席設計師卡特維利（Alexander Kartveli）監督，而這架飛機就以一具美國通用電氣的 TG-180 軸流渦輪噴射引擎為核心來進行設計。

剛開始的時候，他們希望可以發展出渦輪噴射版本的 P-47，不過最後證明這個想法不切實際，因此繪製出另一份全新設計的草圖。經過一年的發展，共和航空總算在 1945 年 11 月 11 日獲得一紙合約，可製造三架原型機和第四組機身供靜態測試使用，編號為 XP-84。

之後訂單的內容在 1946 年 1 月 4 日增加到 25 架預生產服役評估機和 75 架量產型飛機，但之後數量分別調整為 15 和 85 架。第一架原型機在 1946 年 2 月 28 日進行飛行測試，地點是在加州的穆羅克空軍基地，也就是現在的愛德華空軍基地，由利因（William A. Lein）少校駕駛。這架飛機的設計非常簡單——一組機鼻進氣道、平直機翼、傳統尾翼、液壓驅動前三輪起落架以及駕駛艙使用的滑動式泡狀座艙罩。

它的動力來源是 TG-180 的生產版本，即 J35-GE-7 渦輪噴射引擎。

由於它的機身過度纖細，無法同時容納引擎和油箱，所以機翼就變得更厚，以便攜帶燃料。此外，整個機身後段能夠卸除下來，讓引擎維修或拆卸的作業更方便。機身中央下方安裝了一組液壓俯衝減速板。

第二架 XP-84 的首飛在 1946 年 8 月進行，並在 9 月 7 日以每小時 983.3 公里的速度創下新的美國全國飛行速度紀錄。

▶

共和F-84G-20-RE雷霆噴射式

共和 F-84G-20-RE，FS-240，51-1240，第 49 戰鬥轟炸機大隊，1954 年。這架飛機的翼尖油箱配備空中加油（in-flight refueling，IFR）管，是美國空軍有史以來首度在作業中使用的空中加油模式（探針式空中加油）。這套系統跟著 F-84E 一起導入，並持續使用到 G 系列，直到被伸縮套管系統（boom receptacle system）取代為止——其中加油口位於左翼。在 1952 年 5 月的「高潮行動」（Operation High Tide）期間，12 架 F-84E 使用空中加油設備，從日本起飛進行不落地飛行，攻擊位於北韓境內的目標。在同年的「狐狸彼得行動」（Operation Fox Peter）中，配備 F-84 的單位利用空中加油設備，飛越太平洋且中途不落地。

共和F-84雷霆噴射式

共和F-84G雷霆噴射式

共和 F-84G，FS-966，51-966，英國皇家空軍韋瑟斯菲爾德（Wethersfield）基地第 20 戰鬥轟炸機大隊第 77 戰鬥轟炸機中隊，1952 年。F-84G 是第一架可投擲核彈的戰鬥機，它能夠在左翼的派龍（pylon）架上掛載一枚 Mk.7 核彈。第 20 戰鬥轟炸機聯隊包括第 55、第 77 和第 79 戰鬥轟炸機中隊，於 1952 年時駐防在英國，讓美國空軍可以在靠近蘇聯的歐洲前線區域派遣可配備核彈的噴射戰鬥機。

皇家空軍試飛員威爾森（Hugh Wilson）上校在 1945 年 11 月 7 日駕駛格羅斯特彗星式（Gloster Meteor）戰鬥機 F.4 型不列顛尼亞號（Britannia EE454）創下的每小時 975.9 公里世界紀錄也被打破，但對 XP-84 來說不幸的是，由唐納森（Edward Donaldson）上校駕駛的另一架格羅斯特彗星式 F.4 型，也在同一天創下了每小時 991 公里的紀錄。

通用電氣還在處理 J35-GE-7 的棘手問題，因此第三架原型機 XP-84A 的動力來源採用艾里遜生產的 J35-A-15 引擎，15 架預生產服役評估機也都採用這個配置為樣本生產。不過它們還在機鼻部位安裝了四挺 12.7 公釐口徑 M2 白朗寧（Browning）機槍，兩翼的翼根處也各有一挺。它們也可

共和F-84E雷霆噴射式 ▲

共和 F-84E，FS-240，49-2240，西德新比貝格（Neubiberg）空軍基地第 86 戰鬥轟炸機聯隊第 527 戰鬥轟炸機中隊，1952 年。這架飛機所有機型皆配備了早期的無框架座艙罩，直到 G 型為止。之後將早期機型翻新整修，改安裝有框架的座艙罩。

共和F-84E雷霆噴射式 ▷

共和 F-84E，FS-493，51-493，第 27 護航戰鬥機大隊第 523 護航戰鬥機中隊，1951 年。克拉特（Jacob Kratt）中尉在 1951 年 1 月 26 日擊落一架 Yak-3 戰鬥機，而他在這場勝利的三天之前一次擊落兩架米格 -15，因而成為韓戰期間擊落數最高的飛行員。

共和F-84E雷霆噴射式

共和 F-84E，FS-648，51-648，西德新比貝格空軍基地第 86 戰鬥轟炸機大隊第 525 戰鬥轟炸機中隊，1952 年。這架是大隊長的座機，展示了該大隊下轄三個中隊的代表色：藍色代表第 525 戰鬥轟炸機中隊，紅色代表第 526 戰鬥轟炸機中隊，黃色代表第 527 戰鬥轟炸機中隊。大隊長的座機塗裝通常是最顯眼奪目的。

以安裝翼尖油箱，每個容量是 870.6 公升。

P-84B 是正式的生產版本，它有經過些微改善的引擎、M3 機槍和一具彈射椅，不過彈射椅從未獲得批准，無法使用。P-84B 在 1947 年 12 月進入第 14 戰鬥機大隊服役，結果馬上出現嚴重問題。它的馬力可加速到 0.8 馬赫以上，但在低空超過這個速度之後，就會遭受控制反效（control reversal）以及突如其來的劇烈上仰，有可能導致機翼折斷。在 4572 公尺以上的高度時，它有可能飛得更快，但會有強烈抖振現象（buffeting）。

如果機身上的慣性負荷超過 5.5G 的話，它的蒙皮也會出現皺紋。但儘管如此，絕大部分 YP-84A 之後都會升級到 P-84B 的標準。在 1947 年 8 月到 1948 年 2 月間，▶

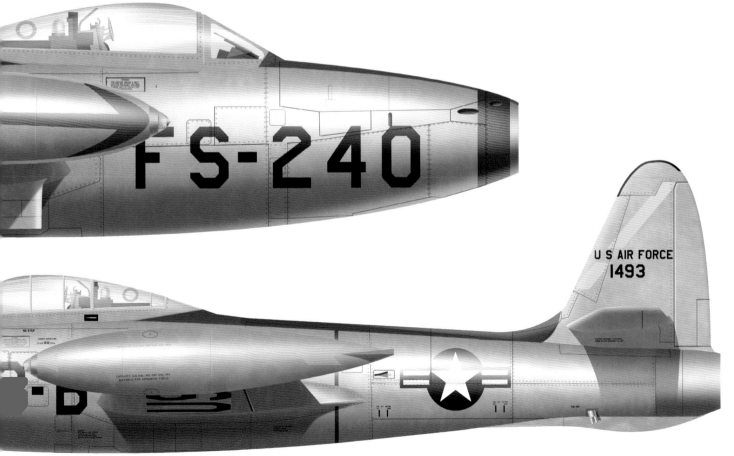

共和F-84雷霆噴射式

共計有 226 架 P-84B 運交給空軍。

在發生一連串結構問題後,整個 P-84B 機隊在 1948 年 5 月 24 日停飛。 P-84C 和 B 型類似,但電氣系統和引擎經過改良,於 1948 年 5 月開始生產,並在 1948 年 6 月 11 日重新編號為 F-84。

不論是 B 型還是 C 型都證明並不可靠,甚至在結構問題變得明顯之前,這兩個機型都已經碰到某些機械問題,常常使得它們無法出勤。這些機械問題包括起落架液壓系統問題,駕駛艙狹小且不舒適,以及引擎動力不足等等。

這些缺陷促使美國空軍認真思考要取消 F-84 這款戰機,共和公司受到壓力,被迫要把飛機改正符合標準。最後推出了供過渡期使用的「快修」版 F-84D,它採用多種改良方案,目標是解決該機型最嚴重的幾項毛病,直到徹底重新設計的 F-84E 導入為止。

F-84D 的各項升級包括推力大幅提升的艾里遜 J35-A-17D 引擎、起落架由液壓改為機械式設計、更堅固的機翼、較厚的鋁質蒙皮、可防止彎曲變形的翼尖油箱尾翼、可用的彈射座椅和能夠快速鬆脫的駕駛艙座艙罩等等。在 1948 年 11 月到 1949 年 4 月之間,F-84D 共交付了 154 架。

第一架 F-84E 在 1949 年 5 月 18 日首度升空飛行後,又結合更多改進措施,像是強化的機翼、雷達瞄準器、火箭輔助起飛相關設備,機翼前的機身長度也多了 12 吋,使得駕駛艙更加舒適;機翼後方的機身也多了三吋,加大安放航電設備的航電艙(avionics bay)。而它的火箭發射架在火箭發射之後,也可緊靠機翼摺疊收起。

在 1949 年 5 月到 1951 年 7 月期間,共有 843 架 F-84E 出廠,當中許多 ▶

共和F-84G雷霆噴射式 ▽

共和 F-84G,51-16719,路克(Luke)空軍基地第 3600 飛行表演隊(美國空軍雷鳥隊),1954 年。聞名遐邇的雷鳥表演隊使用的第一款飛機就是雷霆噴射式,時間是 1953 年到 1955 年。

共和F-84G雷霆噴射式

共和 F-84G，FS-821-A，51-821，喬治亞州特納（Turner）空軍基地第 31 護航戰鬥機聯隊，1952 年。雖然測試過其他幾種外掛武器配置，包括用火箭裝配取代翼尖油箱，但本圖展示的是實務上常用到的配置，可以在攻擊能力和航程之間取得平衡。

> 最後一款平直翼的型號是F-84G，在1951年服役，是在後掠翼的F-84F導入之前做為臨時的核子攻擊戰鬥機

共和F-84G雷霆噴射式

共和 F-84G，FS-273，第 508 戰略戰鬥機聯隊，喬治亞州特納空軍基地，1954 年。第 508 戰略戰鬥機聯隊負責執行長程任務，範圍從轟炸機護航到防空，經常部署到國外，如歐洲和遠東等地。由 KC-97 加油機協助進行空中加油。

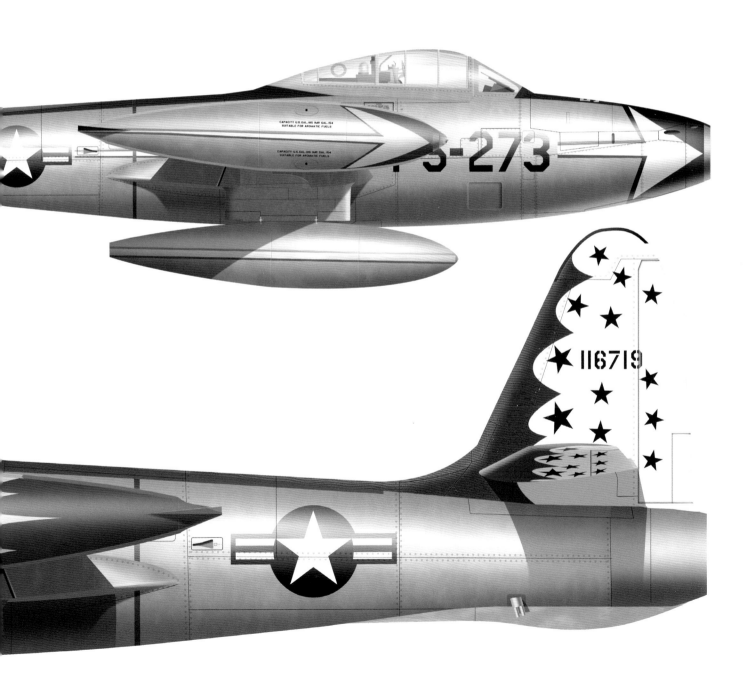

共和F-84雷霆噴射式

共和F-84G 雷霆噴射式 ▶

共 和 F-84G，FS-454，51-10454，綽號是「四皇后」（Four Queens），第 474 戰鬥轟炸機聯隊第 430 戰鬥轟炸機中隊，南韓大邱空軍基地，1953年。FS-454 是第 474 聯隊長戴維斯（Joseph Davis Jr.）上校的座機。韓戰結束時，戴維斯是戰區中所有 F-84單位的指揮官。這架飛機展示第 474 聯隊轄下所有單位的代表色：紅色代表第428 戰鬥轟炸機中隊，藍色代表第 429戰鬥轟炸機中隊，黃色代表第 430 戰鬥轟炸機中隊。

都參與了韓戰，然而實戰結果表明 F-84 不敵米格 -15。在初期的交鋒中，雷霆噴射式（Thunderjet）戰鬥機共損失 18 架，相對地米格 -15 只損失 9 架。在一起案例中，一名 F-84E 的飛行員故意利用這款飛機在低空用超過 0.8 馬赫的速度飛行時會出現的劇烈上仰特性，而在後面緊追不捨的米格機沒辦法做出可以相比擬的機動動作，結果其中一架就這樣墜毀。

為了出戰鬥任務，F-84 的酬載相當重，尤其是在天氣熱的時候難以升空，因此馬上就多了像是「鉛雪橇」和「豬」的外號，因為它「喜歡待在地面上」。

當 F-86 參戰時，F-84 便取代 F-80，成為美國空軍的戰區攻擊戰鬥機。最後一款平直翼的型號是 F-84G，在 1951 年服役，是在後掠翼的 F-84F 導入之前臨時使用的

核子攻擊戰鬥機。它的特色是推力更強勁的 J35-A-29 引擎、有框架的座艙罩、空中加油管、自動駕駛儀、儀器降落系統，還可以選擇掛載一枚 Mark 7 核彈。美國空軍的雷鳥（Thunderbirds）飛行表演隊在 1953 到 1955 年間操作 F-84G。

儘管當局對 F-84 做了這麼多改良，它在韓戰期間的妥善率依然低落，主要原因是艾里遜提供給 J35 引擎的備用零件不足。之後，F-84B 和 C 在 1952 年底退役，而 F-84D 持續在空中國民兵（Air National Guard 又譯空軍國民警衛隊）服役，直到 1957 年；F-84E 在 1956 年從美國空軍退役，但在空中國民兵持續服役到 1959 年，而 F-84G 則在 1960 年代中期從空軍退役。●

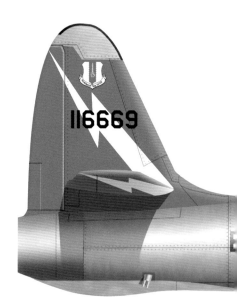

共和F-84E雷霆噴射式

共和 F-84E，FS-364，49-2364，南韓大邱空軍基地第 27 護航戰鬥機聯隊第 524 護航戰鬥機中隊，1951 年。當韓戰爆發時，第 27 護航戰鬥機聯隊就前進部署到遠東地區，曾駐防日本和南韓。它是第一個實際投入戰鬥的 F-84 單位，也是第一個確認擊落米格機的單位。

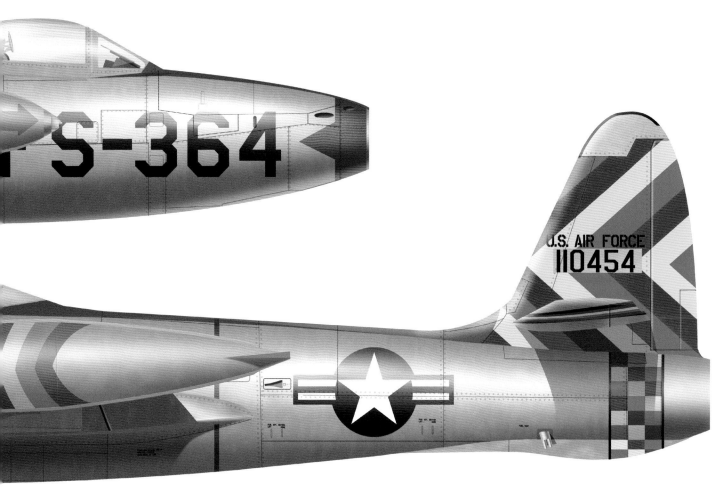

共和F-84G雷霆噴射式

共和 F-84G，FS-669，51-1669，法國秀蒙（Chaumont）空軍基地第 48 戰鬥轟炸機聯隊第 492 戰鬥轟炸機中隊，天空開拓者（Skyblazers）飛行表演隊，1953 年。天空開拓者飛行表演隊是在 1949 年由駐紮在西德福斯坦非布魯的第 22 戰鬥機中隊（第 36 戰鬥機聯隊）的飛行員和 F-80 戰鬥機組成，並在 1950 年換裝 F-84。

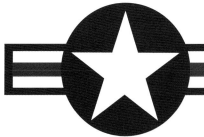

共和F-84F

1950-1972

雖然可以將 F-84F 雷電式想成後掠翼的雷霆噴射式，它的零件卻幾乎沒有辦法和前輩通用。然而這兩款飛機的共同點，就是機械問題百病叢生，並不可靠。

隨著 F-84E 的生產順利進行，共和公司決定要把德國在二次大戰期間進行的後掠翼研究用在自家的設計上，看是否能大幅提升表現。於是共和公司就自掏腰包設計了 AP-23M，並在生產線外重新改裝第 409 架 F-84E，讓它擁有 40 度角的後掠翼。

它配備一具 J35-A-25 引擎，推力達 5200 磅英尺（7050.25 牛頓公尺）——相比之下標準的 E 型發動機 J35-A-17D 推力

共和F-84F-25-RE雷電式

共和 F-84F-25-RE 雷電式，FS-734，51-1734，路易斯安那州亞力山卓（Alexandria）空軍基地（之後的英格蘭空軍基地）第 366 戰鬥轟炸機聯隊第 390 戰鬥轟炸機中隊，1956 年。這支綽號「野豬」（*Wild Boars*）的中隊曾分別在兩個不同的時段操作過雷電式：最先是 1954 年到 1958 年在亞力山卓空軍基地，之後是 1962 年到 1965 年先在法國的尚布萊（Chambley）空軍基地，接著是新墨西哥州的霍羅曼（Holloman）空軍基地。

雷電式

為 5000 磅（2267.96 公斤）。而它的擋風玻璃也經過重新設計，以改善其空氣動力外型。這架飛機有了新的機翼後，在 1950 年 6 月 3 日進行首飛，且在初期的一次低空測試中，飛出了令人刮目相看的速度，達到每小時 1115.27 公里。

這款機型的編號原本被指定為 YF-96A，但美國空軍興趣缺缺，不過隨著米格 -15 在朝鮮半島上空出現，美國空軍態度大轉彎，共和公司在 1950 年 7 月獲得研發合約。美國當局要求共和公司在這款飛機上安裝柯蒂斯 - 萊特（Curtiss-Wright）J65 引擎——這款引擎是英國阿姆斯壯 - 西德利（Armstrong- Siddeley）公司藍寶石（Sapphire）引擎的授權生產版本。兩個月後，這架飛機重新編號為 F-84F，並有了新的正式外號「雷電式」（Thunderstreak），以便與平直翼的 F-84 區別。

共和公司並沒有重新改造另一架 F-84 ▶

▲ 共和F-84F-35-RE雷電式

共 和 F-84F-35-RE 雷 電 式，FS-454，52-6454，維吉尼亞州蘭利（Langley）空軍基地第 405 戰鬥轟炸機聯隊第 511 戰鬥轟炸機中隊，1955 年。第 405 戰鬥轟炸機聯隊是 1954 年時第一個開始換裝雷電式的戰術空軍指揮單位。

共和F-84F雷電式

共和F-84F-25-RE雷電式 ▷

共和 F-84F-25-RE 雷電式，FS-657，51-1657，法國秀蒙 - 瑟穆捷（Chaumont-Semoutiers）空軍基地第 366 戰術戰鬥機聯隊，1962 年。除了第 12 和第 15 戰術戰鬥機聯隊以外，第 366 戰術戰鬥機聯隊是雷電式戰鬥機恢復現役時，美國空軍運用前空中國民兵的飛機和人員編成的其中一個單位。

11657

26852

共和F-84F-50-RE雷電式

共和 F-84F-50-RE 雷電式，FS-852，52-6852，英國皇家空軍本特瓦特斯（Bentwaters）基地第 81 戰鬥轟炸機聯隊第 91 戰鬥轟炸機中隊，1955 年。第 81 戰鬥轟炸機聯隊駐防在英國，其機身左側漆有核彈爆炸呈蕈狀雲的標誌。

FS-852

6578

FS-578

共和F-84F-40-GE雷電式 ▲

共和 F-84F-40-GE 雷電式，FS-578，52-6578，德克薩斯州伯格史壯（Bergstrom）空軍基地第 12 戰略戰鬥機聯隊，1953 年。這架雷電式隸屬第 12 戰略戰鬥機聯隊，機身上有代表聯隊長的塗裝，它們的任務是護航戰略空軍司令部（SAC）所屬的轟炸機。

來安裝新引擎，而是很乾脆地修改了唯一的YF-96A機體，把機身拉長，並把機鼻進氣道加大，在1951年2月14日以這款新引擎進行首飛。之後該公司又專門建造了兩架YF-84F原型機，其中一架擁有全新設計的進氣道配置：機鼻沒有開口，進氣口位於翼根處。

當局曾經希望可以在1951年秋季進入批量生產，但結果顯示該機的機翼難以生產，需要重新設計。此外引擎的安裝也有問題，因此決定先生產平直翼的F-84G作為過渡機種，直到F-84F做好生產準備。這是明智之舉，因為F-84F的第一款生產型一直要到1952年11月22日才進行首飛。

除了新的機翼、引擎和機身以外，這架飛機與平直翼F-84不同的地方還有整片上開設計的駕駛艙座艙罩，而雷霆噴射式

則是向後滑動開啟；機身後段兩側有一對減速板，而不是位於機身下方的一塊減速板；此外還多了動力飛行控制、前緣縫翼（leading edge slats）以及沿著機身後段隆起的脊條。

F-84F保留F-84E六挺白朗寧M3機槍，並擁有四組翼下派龍架，可掛載各種武器。F-84F的後掠翼沒辦法安裝翼尖油箱，因此靠內側的派龍架設計成可以掛載外掛油箱，且F型也可運用低空轟炸系統（LABS）這個機制來投擲核彈。

雖然前275架雷電式安裝了J65-W-1引擎，但接下來的100架與之後生產的引擎都換成了J65-W-1A，不過不管是哪一款引擎都不太可靠。飛機在裝上它們之後，也沒辦法再換成更可靠的引擎──代表它們的服役壽期因此受限。

共和F-84F雷電式

F-84F 生產 375 架之後，導入了由別克（Buick）製造稍微可靠一點的 J65-W-3 和 J65-B-3 引擎，每一款都可提供 7220 磅英尺（9789 牛頓公尺）的推力。即使如此，這架飛機的著陸速率依然高，也比平直翼的 F-84 速度更快，但在臨界速度時操控性卻不佳。這些問題促使共和公司在 1954 年暫停生產，並重新評估 F-84F 的設計。當 1955 年恢復生產後，新的飛機安裝了「全可動式」水平尾翼，用來抑制高速失速中的上仰現象。

由於引擎毛病叢生，整個機隊在 1955 年奉命停飛，儘管對 J65 引擎實施多種改善方案，仍沒辦法提高到令人滿意的標準，美國空軍於是從當年開始逐步淘汰 F-84F。F-84F 在 1958 年全數退出現役，剩下的飛機則撥交給空中國民兵單位。但到了 1961 年，德國的情勢因為柏林圍牆興建而變得緊張，機隊又恢復現役。控制桿腐蝕的問題導致機隊於 1962 年再度停飛，而結構腐蝕的狀況最後迫使所有 F-84F 在 1971 年退役。

到 1957 年 8 月為止，F-84F 雷電式戰鬥機連同原型機總計生產了 2711 架，其中只有 1410 架在美國空軍服役，其餘的都被送往美國的盟國，包括比利時、法國、西德、希臘、義大利、荷蘭和土耳其。

由於雷電式推出的時間太晚，沒有在韓戰期間服役。美軍的雷電式從未投入戰鬥，但是法國的 F-84F 曾在 1956 年的蘇伊士運河危機（Suez Crisis）期間攻擊過埃及部隊的陣地。1962 年 8 月 16 日時，兩架土耳其的 F-84F 擊落了兩架侵入土耳其領空的伊拉克伊留申（Ilyushin）Il-28 小獵犬式（Beagle）轟炸機。

第二架 YF-84F 原型機，也就是機鼻沒有開口且進氣口位於翼根處的那架，之後成了 RF-84F 雷閃式（Thunderflash）偵察機的基礎。第一架量產的 RF-84F 在 1953 年就交機，但因為它也有使 F-84F 計畫窒礙難行的相同問題，相關作業進度因此延誤，一直要到 1955 年時才在美國空軍完全服役。

就像平直翼的 F-84 一樣，原本認為 F-84F 是合格的戰鬥轟炸機，但飽受設計缺陷之苦，而且持續受到妥善率低落的問題所擾。●

共和F-84F-35-RE 雷電式 ▶

共和 F-84F-35-RE 雷電式，FS-500，52-6500，第 405 戰鬥轟炸機聯隊第 509 戰鬥轟炸機中隊，1954 年。本圖的 FS-500 在左內側的派龍架上掛載一枚 Mk.7 核彈的練習彈，並共有三個外掛油箱。

共和F-84F-45-RE雷電式 ▶

共和 F-84F-45-RE 雷電式，52-6751，6751，亞利桑那州路克空軍基地，1955 年美國空軍第 3600 飛行表演隊（雷鳥隊）。雷電式是雷鳥使用的第二款機型，時間是 1955 年到 1956 年。

▼ 共和F-84F-45-RE雷電式

共和 F-84F-45-RE 雷電式，FS-737，52-6737，英國皇家空軍曼斯頓
（Manston）基地第 81 戰鬥轟炸機聯隊第 92 戰鬥轟炸機中隊，1955
年。第 92 戰鬥轟炸機中隊是駐防英國的第 81 戰鬥轟炸機聯隊另一個
下轄單位，在 1954 年時換裝 F-84F。

北美F-86A、E、F和H軍刀式

1947-1958

1950 年代，F-86 在所有的美軍噴射機當中鶴立雞群，於飽受戰火蹂躪的朝鮮半島上空和米格-15 鏖戰，成為當代傳奇。直至今日，它仍是早期噴射機時代的象徵。

北美F-86F-1-NA軍刀式

北美 F-86F-1-NA 軍刀式，FU-910，51-2910，綽號「美艷屠夫二世」(Beauteous Butch II)，南韓水原空軍基地(K-13)第 51 戰鬥攔截機聯隊第 39 戰鬥攔截機中隊，1953 年。麥康諾(Joseph C. McConnell Jr.)上尉是韓戰期間頂尖的美軍王牌飛行員，共擊落 16 架敵機，還擊傷另外五架。這張圖片展示他的座機為了進行大眾宣傳而拍攝照片時的塗裝——重新油漆了勝利標誌，以紅星表示，而不是米格機的輪廓——機名原本漆成 Beautious Butch II，也改成 Beauteous Butch II。

時值 1944 年秋季，美國海軍草擬了一份對艦載噴射戰鬥機的需求書，而美國陸軍航空軍最先進、性能最優異戰鬥機之一——P-51 野馬式(Mustang)——的製造商北美航空便提出了 NA-134 計畫，成果就是 FJ-1 怒火式(Fury)戰鬥機。這是一款單引擎戰鬥機，擁有機鼻進氣道，且機翼、尾翼和座艙罩都源自於野馬式，但當局對這架飛機卻沒有什麼興趣。

目前已知 NA-134 計畫最早的草圖日期是 1944 年 10 月 13 日，短短五個星期之後，美國陸軍航空軍發布了對中程日間戰鬥機的需求，極速必須能達到每小時 965.6 公里。北美航空重新把 NA-134 計畫拿出來，並加以修改設計，讓它有更纖細的機身，機翼的形式也有所調整。

在機鼻配備六挺 12.7 公釐口徑機槍——進氣道每個側面各三挺。這個設計稱為 NA-140 計畫，讓北美航空在 1945 年 5 月獲得一紙合約，可建造 3 架原型機，編號定為 XP-86。

二次大戰中的歐戰結束後當月，大量德方的空氣動力測試結果和研究資料落入美國人手中。北美航空就跟其他的美國國防承包商一樣，可以隨意取用這些寶貴的資訊，並迅速地意識到這些東西的潛力。

他們最早在 1945 年 6 月首度討論為 XP-86 裝上後掠翼，而在經過多場風洞測試後，計畫案中原本的平直機翼也因此毀損，於是便正式展開新的後掠翼研發工作。到了 1946 年 10 月，北美航空已經選定最後的機翼形式，他們在 12 月

20 日獲得合約，能夠生產 33 架量產型的 P-86A 和 190 架 P-86B。

P-86B 以北美航空的 NA-152 型為基礎，和 A 型相比它擁有較大的機輪和較大的減速板，相對之下機身變得更寬，尾翼面積加大，機內可攜帶的燃料量也提高，還多了機槍加熱裝置以及座艙罩彈射系統。

不過顯然是由於高壓輪胎出現和剎車科技進步的原因，使得 B 型顯得多餘，因此這個計畫在 1947 年 9 月便取消了。不過當局另外加訂了 188 架 P-86A。

不到一個月之後，也就是 1947 年 10 月 1 日，第一架 XP-86 原型機進行首飛。不過人們隨即發現這款飛機安裝的艾里遜 J35 引擎動力不足，起落架也有毛病，也就是這架飛機在飛行時，起落架無法收起，且於高速飛行時，也會因為升降舵組件的關係而變得不穩定。因為當這架飛機逼近音速的時候，升降舵的鉸接軸線會形成一股震波，結果會導致飛行控制面(flight control surface)失效。

它的極速只超過每小時 820.8 公里而已。經過長達兩個月的公司測試，第一架 XP-86 移交給美國空軍——就跟現在一樣——開始進行第二階段測試。第二階段測試歷時六天，之後空軍的試飛員奇爾斯壯(Ken Chilstrom)少校宣布，和全世界任何地方相比，美國空軍現在已經發展出目前為止最好的噴射戰鬥機。之後北美航空又獲得一紙生產合約，可以再生產 225 架 P-86A。

1947 年 12 月，美國空軍訂購兩架 ▶

北美F-86A-5-NA軍刀式

北美 F-86A-5-NA 軍刀式，FU-318，49-1318，南韓水原空軍基地(K-13)第 4 戰鬥攔截機聯隊第 334 戰鬥攔截機中隊，1951 年。賈巴拉(James Jabara)上尉是世界上第一位噴射機對抗噴射機的空戰王牌，在 1951 年 5 月 20 日擊落他的第 5 架和第 6 架米格 -15，本圖就是賈巴拉在當天駕駛的飛機。戰爭結束時，他已經兩度輪調韓國，駕駛過幾種不同的飛機，累計 15 架的擊殺紀錄。

北美F-86F-1-NA軍刀式

北美 F-86F-1-NA 軍刀式，FU-857，51-2857，南韓金浦空軍基地(K-14)第 4 戰鬥攔截機聯隊第 334 戰鬥攔截機中隊，1953 年。這張圖片顯示費南德茲('Pete'Fernandez)上尉的座機在 1953 年 5 月時的模樣。機身上的標誌包括漆在地勤組員姓名下方的三顆星，代表擊墜紀錄也頒發給他們。費南德茲離開韓戰戰場時，已累積 14.5 架的擊殺紀錄。

北美F-86A-5-NA軍刀式

北美 F-86A-5-NA 軍刀式，49-1175，FU-175，綽號「釘住我的心」（*Peg O' My Heart*），南韓金浦空軍基地（K-14）第 4 戰鬥攔截機聯隊第 336 戰鬥攔截機中隊，1952 年。「釘住我的心」這架飛機是外號「火箭人」（*Rocketeers*）的中隊裡，塗裝最絢麗的飛機，最大的特點就是鯊魚嘴，一直要到這場戰爭後期才比較容易看見。

NA-157 的原型機，編號訂為 P-86C。它預計會是一款長程戰鬥機，擁有封閉式機鼻和側面進氣道。但由於它和原本的系列差異太大，因此之後重新編號為 YF-93A。

P-86A 和這三架原型機不同的地方在於擁有推力強大許多的通用電氣 J47 引擎，鼻輪艙門也經過重新設計，以改正早期的起落架問題。而機鼻兩側對應六挺機槍的開口用蓋板封閉，當它們開火射擊時，蓋板會自動打開，之後會再自動關閉。此外內部也有

許多地方更動，以便讓駕駛艙設計和系統布局變得更加洗練。

在空中，P-86A 的官方極速是每小時941.5 公里，比原型機快了 112.7 公里。而從 1948 年 6 月 1 日起，P-86A 改稱為F-86A。1949 年 2 月 14 日，該機首度移交給現役單位，接收的是第 1 戰鬥機大隊的第 1 保養支援大隊。

大約在同一時間，美國空軍發布一份對配備雷達的新式攔截機的需求書。北美航

空在 1949 年 3 月 28 日提出 NA-164 計畫，這是一款單座戰鬥機，之後成為 F-86D，會在本書之後的章節單獨討論。

甚至在 F-86A 開始服役的時候，北美航空還在調查是否有解決方法，可以防止XP-86 在進行飛行測試期間發現的高速時升降舵控制失效問題，他們在 F-86A 的後緣加上一塊延伸段，有效緩和了這個問題，但還是沒有徹底解決。

結果最後的答案是「全可動尾翼」，

北美F-86F-30-NA
軍刀式

北美 F-86F-30-NA 軍刀式，52-4371，FU-371，南韓烏山（Osan）空軍基地第67 戰鬥轟炸機中隊，1953 年。外號「戰鬥公雞」（Fighting Cocks）的中隊在 1953 年重新裝備軍刀式。在這張圖裡，它在機翼內側的派龍架上掛載一枚炸彈，代表軍刀式戰鬥機用於空對地任務中。韓戰後，該中隊繼續駐防在東亞區域，經常從南韓部署到日本、臺灣和菲律賓等地。

北美F-86E-10-NA軍刀式

北美 F-86E-10-NA 軍刀式，51-2746，FU-746，綽號「密西根中心／法蘭西絲夫人」（Michigan Center / Lady Frances），南韓水原空軍基地（K-13）第 51 戰鬥攔截機聯隊，1952 年。加布雷斯基（Francis 'Gabby' Gabreski）上校是二次大戰的王牌飛行員，擊落過 28 架敵機，他在韓戰中繼續飛行員生涯，駕駛軍刀式戰鬥機擊落 6.5 架敵機。剛開始時他在第 4 戰鬥攔截機聯隊服役，之後擔任第 51 戰鬥攔截機聯隊的聯隊長。這是他在後期大部分時間駕駛的飛機，機身的左側漆上法蘭西絲夫人，但另一位韓戰王牌飛行員韋斯科特（William H. Wescott）少校也會駕駛這架飛機，他擊落過 5 架敵機。

北美F-86F-30-NA軍刀式

北美 F-86F-30-NA 軍刀式，52-4877，FU-877，綽號「蒂納小姐」（Miss Tena），南韓水原空軍基地（K-13）第 8 戰鬥轟炸機聯隊，1953 年。這架軍刀式是聯隊長座機，機身上展示所管轄三個中隊的代表色：藍色代表第 35 戰鬥轟炸機中隊，紅色代表第 36 戰鬥轟炸機中隊，黃色代表第 80 戰鬥轟炸機中隊。

整個水平安定尾翼就跟一塊可動操縱面一樣運作。他們在 1949 年 11 月 15 日展開有這種功能的 F-86 的設計工作，計畫編號為 NA-170。之後美國空軍在 1950 年 1 月 17 日和北美航空簽訂合約，可以生產 111 架這款飛機，編號為 F-86E。

這架飛機也擁有全新的液壓系統，可以防止操縱面上的外部負荷轉移到飛行員的控制桿上，取而代之的是使用預先安裝好的彈簧，讓飛行員在移動控制桿時可以感受到一股模擬的「感覺」。第一架 E 型機在 1950 年 9 月 23 日首度升空飛行，首批飛機在 1951 年 2 月移交給空軍，F-86E 總計生產 456 架。

最後的 F-86 日間戰鬥機是 F-86F——新型號的研發工作在 1950 年 7 月 31 日展開，計畫編號為 NA-172。E 和 F 型的主要差別在於安裝大幅改良的 J47-GE-27 引擎。它也在瞄準器上配備了照相槍，此外若有需求的話，還可以在外部派龍架上掛載 AN-M10 噴煙箱（煙霧罐）。

當局在 1951 年 4 月下了訂單，訂購 109 架 F-86F，之後在 6 月 30 日提高到 360 架。

北美F-86E-5-NA軍刀式

北美 F-86E-5-NA 軍刀式，50-648，FU-648，綽號「八號球快車／漂亮瑪麗」（Eight Ball Express / Pretty Mary），南韓金浦空軍基地（K-14）第 4 戰鬥攔截機聯隊第 336 戰鬥攔截機中隊，1952 年。在韓戰期間，「八號球快車」由第 334 和第 336 戰鬥攔截機中隊的幾位飛行員輪流駕駛，之後分配給第 35 戰鬥轟炸機中隊，駐防在日本。

北美F-86A、E、F和H軍刀式

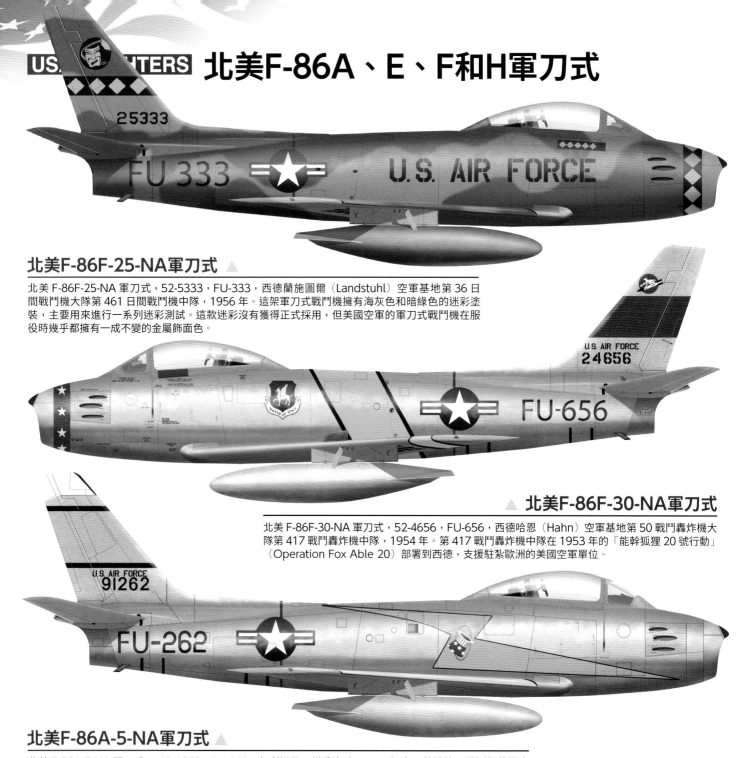

北美F-86F-25-NA軍刀式 ▲

北美 F-86F-25-NA 軍刀式，52-5333，FU-333，西德蘭施圖爾（Landstuhl）空軍基地第 36 日間戰鬥機大隊第 461 日間戰鬥機中隊，1956 年。這架軍刀式戰鬥機擁有海灰色和暗綠色的迷彩塗裝，主要用來進行一系列迷彩測試。這款迷彩沒有獲得正式採用，但美國空軍的軍刀式戰鬥機在服役時幾乎都擁有一成不變的金屬飾面色。

▲ 北美F-86F-30-NA軍刀式

北美 F-86F-30-NA 軍刀式，52-4656，FU-656，西德哈恩（Hahn）空軍基地第 50 戰鬥轟炸機大隊第 417 戰鬥轟炸機中隊，1954 年。第 417 戰鬥轟炸機中隊在 1953 年的「能幹狐狸 20 號行動」（Operation Fox Able 20）部署到西德，支援駐紮歐洲的美國空軍單位。

北美F-86A-5-NA軍刀式 ▲

北美 F-86A-5-NA 軍刀式，49-1262，FU-262，加利福尼亞州喬治（George）空軍基地第 1 戰鬥攔截機大隊第 94 戰鬥攔截機中隊，1953 年。知名的「擂臺之帽」中隊隸屬於第 1 戰鬥攔截機大隊，負責美國本土西部的空防。該單位在 1954 到 1956 年間操作軍刀式戰鬥機，之後換裝 F-100 超級軍刀式（Super Sabre）。

不過在這之前，北美航空已經展開 NA-187 計畫，開始 F-86 純戰鬥轟炸機機型的研發工作。它預計安裝性能強勁的通用電氣 J73 引擎，而它不只需要在機身前方有一個更大的進氣道，機身也需要拉長 6 英吋，這樣增加機身空間帶來一個額外好處，機內油箱的容量從 1646.7 公升提升到 2127.4 公升。

它也安裝了類似 F-86D 機上的蛤殼式駕駛艙座艙罩（clamshell）與彈射椅——

這兩樣東西對 NA-187 來說都是獨一無二的設計。尾翼不但面積加大，也改成單片「全可動」的形式。到了 7 月 24 日時，該公司已經把模型準備好供檢查，但美國空軍並沒有立即下訂生產。

在 1952 年 4 月 1 日，第 126 戰鬥攔截機中隊接收了 F-86F，且在接下來的整個月裡，絕大部分全新的 F-86F 就被配發在韓國作戰的單位。兩個月後 F 型又升級成 F-86F-5，它能夠攜帶標準的 454.3 公升可

拋棄式油箱，或是新款的 757.1 公升油箱，此外電力系統也有改善。F-86F-10 隨後出現，配備新式的瞄準器。

在此期間，北美航空在 1951 年 10 月 26 日又展開另一項以 F-86 為基礎的計畫，稱為 NA-191。計畫內容是一架標準的 F-86F，但翼下卻不只有一個掛載點，而有兩個，如此一來這架飛機就變成名副其實的戰鬥轟炸機。該公司位於英格爾伍德（Inglewood）的生產線在 1952 年 10 月

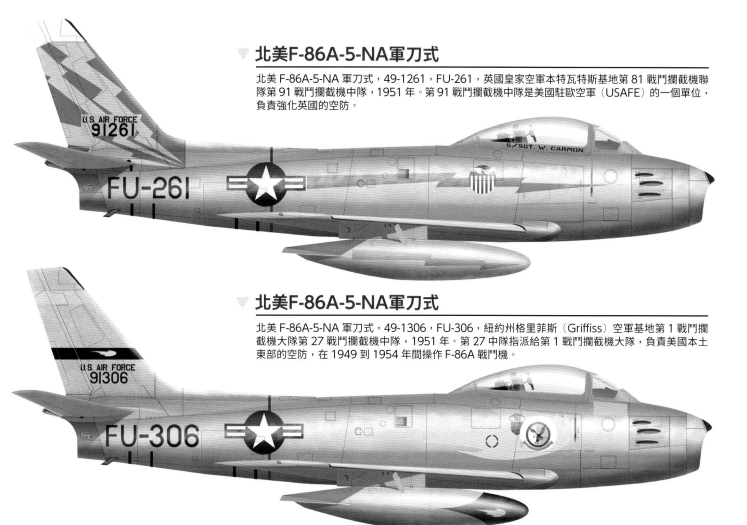

北美F-86A-5-NA軍刀式

北美 F-86A-5-NA 軍刀式，49-1261，FU-261，英國皇家空軍本特瓦特斯基地第 81 戰鬥攔截機聯隊第 91 戰鬥攔截機中隊，1951 年。第 91 戰鬥攔截機中隊是美國駐歐空軍（USAFE）的一個單位，負責強化英國的空防。

北美F-86A-5-NA軍刀式

北美 F-86A-5-NA 軍刀式，49-1306，FU-306，紐約州格里菲斯（Griffiss）空軍基地第 1 戰鬥攔截機大隊第 27 戰鬥攔截機中隊，1951 年。第 27 中隊指派給第 1 戰鬥攔截機大隊，負責美國本土東部的空防，在 1949 到 1954 年間操作 F-86A 戰鬥機。

製造出第一批這款升級版的 F-86。

　當局終於在 1952 年 11 月 3 日訂購了 NA-187 計畫的純戰鬥轟炸機，也就是 F-86H。同一時間，北美航空正在進行改良 F-86F 機翼的工作，改善內容包括在翼根處加上 15.2 公分（6 英吋）長的前緣延伸面，在翼尖處也加上 7.6 公分（3 英吋）長的前緣延伸面（因此被稱為 6-3 機翼），這代表整體翼面積從 26.7 平方公尺增加到 28.1 平方公尺。同時，早期 F-86 特徵之一的自動式縫翼則被取消。隨著 12.7 公分（5 英吋）高的翼面擋流板導入，跨越翼面的氣流也減少了。

　配備 6-3 機翼的 F-86F，在 10668 公尺的高度飛行時，最高速度增加到每小時 978.5 公里，標準型的 F-86F 則為 972 公里。不過不幸的是，失速速率也跟著變化，從每小時 206 公里增加到 231.8 公里，且隨著偏航和滾動的幅度增加，失速也變得更難以控制。總計有 50 組 6-3 機翼套件被運往韓國，如此一來駐防在當地作戰單位的 F-86F 可以就地升級。

　F-86H 的第一架原型機在 1953 年 4 月 30 日首飛，而 F-86H 的第二架原型機能夠掛載一枚 Mk 12 二萬噸爆炸當量核彈，並透過 M-1 低空轟炸系統電腦控制投擲。它在 1954 年 8 月 2 日交機，並從 1954 年 11 月開始在作戰單位服役。

　韓戰結束後，F-86F 繼續在美國空軍服役，但大部分機體都在 1955 年淘汰，只有少數供訓練單位使用。美國空軍 F-86F 最後一趟正式飛行是在 1966 年 6 月 27 日。F-86H 在美國空軍一直服役到 1958 年初，之後在空中國民兵服役到 1970 年。剩餘的 F-86H 被改裝成無人靶機，最後一架在 1981 年 1 月消耗掉。

　F-86 總計生產了 9860 架，當中包括 F-86D、K 和 L。●

北美F-86F-35-NA軍刀式

北美 F-86F-35-NA 軍刀式，53-1192，FU-192，法國秀蒙空軍基地第 48 戰鬥轟炸機聯隊「天空開拓者」飛行表演隊，1954 年。天空開拓者飛行表演隊在 1954 到 1956 年間操作 F-86F 戰鬥機，之後換裝 F-100C，一直操作到該單位在 1962 年解散為止。

北美F-86D 軍刀犬式

單座的 F-86D 軍刀犬式（Sabre Dog）是設計做爲配備雷達的攔截機，和其他 F-86 家族早期的飛機相比幾乎不一樣，但也非完全不同。F-86D 和 F-86A、E 或 F 型相比不是那麼敏捷，儘管如此，它卻是美國空軍戰鬥機日後配備雷達和飛彈的第一步。

北美航空在 1949 年 3 月 28 日展開 NA-164 計畫，其生產型的設計在 4 月時編列為 NA-165 計畫，緊接著在 1949 年 6 月 1 日推出實體模型。這架飛機在位於縮短的進氣口上方突出的機鼻內配備直徑 45.7 公分的西屋（Westinghouse）AN/APG-36 雷達，

而射控系統剛開始是採用休斯（Hughes）的 E-3，之後換成 E-4。

這架飛機配備蛤殼式座艙罩，以改善飛行員萬一面臨彈射狀況時的逃生機率，但是機翼、起落架和尾翼則沿用 F-86A 的樣式。此外也安裝了 F-86E 的全可動尾翼，但沒有上反角（dihedral：機翼基準面和水

1949-1965

▲ 北美F-86D-35-NA軍刀犬式

北美 F-86D-35-NA 軍刀犬式，51-8291，FU-291，伊利諾州史考特（Scott）空軍基地第 85 戰鬥攔截機中隊，1954 年。第 85 戰鬥攔截機中隊在 1954 到 1957 年間操作 F-86D 軍刀犬式，之後換裝升級的 F-86L。這個中隊隸屬於防空司令部。

北美F-86D-50-NA軍刀犬式

北美 F-86D-50-NA 軍刀犬式，52-10006，FU-006，日本三澤（Misawa）空軍基地第 4 戰鬥攔截機中隊，1956 年。從 1954 到 1960 年，這支綽號「戰鬥風神」（Fightin' Fuujins）的中隊配備 F-86D，協助保衛日本的領空。

北美F-86D-60-NA軍刀犬式

北美 F-86D-60-NA 軍刀犬式，53-4070，FU-070，華盛頓州蓋格機場（Geiger Field）第 498 戰鬥攔截機中隊，1956 年。「蓋格之虎」（Geiger Tigers）中隊在 1955 到 1956 年操作 F-86D 戰鬥機，該中隊的飛機特色是鯊魚嘴塗裝。該中隊一直操作軍刀犬式戰鬥機，直到換裝 F-102A 三角劍式（Delta Dagger）戰鬥機。

北美F-86D-50-NA軍刀犬式

北美 F-86D-50-NA 軍刀犬式，52-10030，FU-030，英國皇家空軍本特瓦特斯基地第 512 戰鬥攔截機中隊，1956 年。第 512 戰鬥攔截機中隊是美國駐歐空軍下轄單位，其軍刀犬式戰鬥機主要任務是支援英國的空防。在本圖中，這架飛機的太空飛鼠（Mighty Mouse）火箭發射架呈開啟狀態。軍刀犬式戰鬥機沒有配備機砲，只能依賴空對空火箭進行攻擊。

平面的夾角，可增加飛機的橫側穩定性）。而形狀修改過的機身可以提高內部的燃料攜帶量。它的武裝是兩組 12 連裝 7 公分口徑無導引火箭彈，位於機身前段下方。

這架飛機將會接受地面指揮導引接近目標，接著由飛行員接手，透過安裝在主儀表板上的雷達螢幕來進行攻擊。

第一架原型機的編號是 F-95A，在 1949 年 12 月 27 日首飛，只有 25% 的零組件和 F-86 通用。然而它的編號在 1950 年 7 月變更為 F-86D，如此一來國會就不會發現它需要為「全新」的飛機批准動用資金，只是現有飛機的不同型號而已。

它的火箭發射架在 1951 年 2 月首度試射，首架生產型 F-86D 也在當年 6 月 8 日首度升空飛行。F-86D 的實用升限（service ceiling）達 1 萬 6886 公尺，因此需要一套系統，可把引擎的廢氣輸送到機

翼、尾翼和前緣進氣口，以防止它們結凍。防空司令部（Air Defense Command）對 F-86D 的速度和高度表現刮目相看，因此打算讓下轄三分之二的聯隊都裝備這款戰鬥機。

美國空軍在 1952 年 3 月 12 日接收第一架 F-86D 以進行測試。第一個測試的前線戰鬥機中隊是第 94 戰鬥攔截機中隊，時間是 1953 年 2 月。飛行員花在 F-86D 上進行訓練的時間比絕大部分飛機都要多，因為他們不只要駕駛這架飛機飛行，並管理其武器，同時還要操作雷達。在生產這架飛機的過程中有一些細微的更動，因此必須在 1955 年實施「拉平計畫」（Project Pull Out），當時共有 1128 架 F-86D 修改成相同的 F-86D-45 批次標準。

從 1956 年 5 月開始，總計有 981 架 F-86D 改裝成 F-86L，加裝了半自動地

面防空系統（Semi-Automatic Ground Environment，SAGE）的設備，允許地面控制單位可以直接把資料傳送給射控系統，而不是透過口頭轉達給飛行員。這架飛機的雷達也有升級，翼尖和機翼前緣也延伸，駕駛艙的佈局也有修改，引擎性能提升。

F-86D 總計生產 2847 架，而最後一批──F-86L──在 1965 年的夏天從空中國民兵退役。●

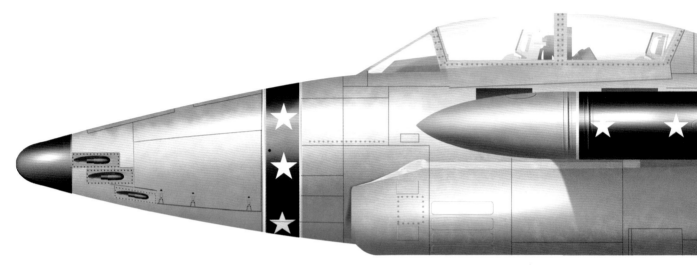

諾斯洛普

F-89 全天候雙座攔截機武裝強大，堅固耐用，性能稍嫌不足，不過卻在守護美國領空這個角色上度過漫長的生涯——共有 36 個美國空軍單位和 17 個空中國民兵單位裝備它——但從未真正參與過戰鬥。

1948-1969

諾斯洛普F-89D-45-NO蠍式 ▲

諾斯洛普 F-89D-45-NO，52-2143，FV-143，綽號「德州人 A」（"A" the Texan），加拿大紐芬蘭島厄尼斯特哈蒙（Ernest Harmon）空軍基地第 61 戰鬥攔截機中隊，1955 年。第 61 戰鬥攔截機中隊在 1954 年裝備 F-89D，以加拿大東部紐芬蘭島為基地，肩負防空的任務。隨著 D 型導入，蠍式開始配備空對空火箭，而非機鼻的機槍。火箭則掛載於翼尖油箱的前段上。

諾斯洛普F-89C-25-NO蠍式

諾斯洛普 F-89C-25-NO，51-5764，FV-764，緬因州普雷斯克艾爾（Presque Isle）空軍基地第 57 戰鬥攔截機中隊「黑騎士」（Black Knights）。黑騎士中隊自 1953 年起以普雷斯克艾爾為基地，到了次年移防至冰島的克夫拉威克（Keflavik）空軍基地，然後就一直留在當地，直到 1995 年。C 型裝備六門在機鼻的 20 公釐口徑機砲。

F-89蠍式

在太平洋戰爭接近尾聲的 1945 年 8 月 28 日，美國陸軍航空軍提出需求，想要一種飛行速度快的飛機，以取代諾斯洛普（Northrop）P-61 黑寡婦式（Black Widow）夜間戰鬥機，並公告初步的規格。

當局要求這款飛機要有兩具引擎，武裝可為六挺 15.2 公釐口徑機槍或 20 公釐口徑機砲，最快速度應達到每小時 853 公里──這代表設計若要勝出，很有可能需要採用噴射動力，共有六間公司提出計畫書。到了 1946 年 3 月，選擇迅速縮小到兩間──也就是將會成為柯帝斯－萊特的 XP-87 黑鷹式（Blackhawk）以及諾斯洛普的 N-24 計畫。

兩者為求降低阻力，XP-87 把引擎吊掛在機翼下，N-24 則是把引擎安裝在機身下方內部。前者的駕駛艙讓機組員並肩而坐，而 N-24 則是把座位安排成前後縱列。這兩款設計都有安裝機鼻和機尾砲塔。

這兩款設計都獲得建造原型機的合約，而 N-24 則獲得了 XP-89 的編號。後者的實體模型在經過檢查後，於 1946 年 6 月 13 日獲得批准。第一架 XP-87 在 1948 年 3 月 1 日首飛，XP-89 則是在 8 月 16 日首飛──在這段期間美國空軍把編號系統從「P」改成「F」。後者的引擎使用艾里▶

諾斯洛普F-89蠍式

21959

C

FY-959

諾斯洛普F-89D-45-NO蠍式 ▶

諾斯洛普 F-89D-45-NO，52-1959，FY-959，加拿大拉布拉
多（Labrador）古斯灣（Goose Bay）空軍基地第 59 戰鬥攔
截機中隊，1955 年。第 59 戰鬥攔截機中隊以加拿大拉布拉多
省為基地，從 1954 年到 1960 年配備了蠍式的 D 型與 J 型。
該中隊隸屬於防空司令部（東部）。

諾斯洛普F-89H-5-NO蠍式 ▶

諾斯洛普 F-89H-5-NO 蠍式，54-402，佛羅里達州松堡（Pinecastle）
空軍基地（之後的麥考伊 McCoy 空軍基地）第 76 戰鬥
攔截機中隊，1957 年。第 76 戰鬥攔截機中隊
在 1955 到 1961 年間操作蠍式，當中在
1957 到 1959 年間裝備了 H 型。

02

U.S. AIR FORCE

U.S. AIR FORCE

32639

FV-639

遜 J35-A-9 渦輪噴射引擎，儘管動力不足，
但還是表現得比推動 XP-87 黑鷹式的西屋
J34-WE-7 笨重引擎來得好。

　　因此，XF-87 在 1948 年 10 月 10 日
取消，兩架原型機就此報廢。而損失這份合
約也等於是擊垮了柯帝斯 - 萊特這間公司，
它被迫把旗下航空資產賣給北美航空。

　　XF-89 的第二架原型機──諾斯洛
普因為其尾翼高聳的外型，取了「蠍式」

（Scorpion）這個名稱──將近完成的時
候，美國空軍決定諾斯洛普需要用新的引擎
來解決推重比不足的問題：附後燃器的艾里
遜 J33-A-21 引擎。設計中的機鼻砲塔也被
取消，以減輕重量，並用六挺固定式朝前方
射擊的機槍取代。改為這種設計需要全新的
機鼻，使飛機的總長度增加 91.4 公分。另
外，為了提升本機的航程用來當作夜間戰鬥
機，因此也有必要加裝固定式 1135.6 公升

翼尖油箱。

　　當所有這些更動都付諸實施的時候，美國空軍卻決定多給諾斯洛普一點時間，委託洛克希德以 T-33 星火式（Starfire）教練機為基礎生產一款過渡性質的夜間戰鬥機——這架飛機之後就成為 F-94 星火式，會在本書之後的章節介紹。

　　1949 年 5 月 13 日，美國空軍和諾斯洛普簽訂合約，建造 48 架 F-89A，而第一架批量生產機型在 1950 年 9 月首飛，不過到最後 F-89A 只生產了 18 架，之後就轉換成生產配備升級航電系統的 F-89B。當這架飛機在 1951 年 6 月進入第 84 戰鬥攔截機中隊服役時，隨即發現引擎有嚴重缺陷，機上各種系統也有相當多問題，因此最後只生產了 40 架。

　　為了修改這些問題，諾斯洛普又推出經過改良的 F-89C，不過同樣的問題一再出現，因此總共只生產了 164 架。之後他們又發現機翼結構上的一個設計弱點，會影響當時每一架生產出來的 F-89，所有 A、B 及 C 型都必須改裝更堅固的機翼，翼尖油箱的尾端也要加上新的導流片，以減少空氣動力的應力效果。

▼ 諾斯洛普F-89D-65-NO蠍式

諾斯洛普 F-89D-65-NO，53-2639，FV-639，華盛頓州佩恩（Paine）空軍基地第 321 戰鬥攔截機中隊，1956 年。第 321 戰鬥攔截機中隊裝備 F-89D 只有短短一年時間，從 1956 年到 1957 年，之後就被 H 型以及更晚的 J 型取代。

隨著 F-89D 推出，終於解決了這個狀況。它的設計融合了到當時為止所有的改良辦法，並且總算取消安裝機砲的機鼻，並用休斯 E-6 射控系統搭配共計 52 發 7 公分口徑摺翼式空射火箭彈（Folding-Fin Aerial Rocket，FFAR）的翼尖莢艙加以取代。此外他們還提出兩份不同的計畫，以便為蠍式換上新的引擎，分別是 F-89E（搭配艾里遜 J71 渦輪噴射引擎）和 F-89F（搭配通用電氣 J47 引擎），但都遭到駁回，就像 F-89G 的計畫一樣。根據這份計畫，它將能夠攜帶 AIM-4 隼式（Falcon）飛彈，連線到休斯 MA-1 射控系統——不過這樣的攻擊能力就和 F-106 三角鏢式（Delta Dart）類似，本書也另有專章介紹這架飛機。

不過 F-89H 卻順利投產。這個型號配備一套休斯 E-9 射控系統，連線到每個翼尖莢艙，內有三枚隼式飛彈，另外還可選擇在每個機翼下的派龍架上，另外掛載三枚。此舉使本機的攻擊火力大幅提升，但是額外的重量也大幅降低蠍式的性能表現。F-89H 只生產了 156 架，且儘管它在 1956 年 3 月才服役，但到了 1959 年 9 月時，所有的飛機都被移交給空中國民兵。

不可思議的是，儘管美國空軍已開始取得性能表現超出許多的新戰機，但諾斯洛普依然獲得批准，可以研發 F-89 的另一個型號—— F-89J。雖然最後沒有生產出任何一架 F-89J，但共有 350 架 F-89D 升級到 F-89J。F-89J 配備翼尖油箱而不是火箭，且它的武裝僅限於在每個機翼下方掛載一枚道格拉斯 MB-1（之後的 AIR-2）精靈式（Genie）無導引核彈頭火箭。1957 年 7 月 19 日，一架 F-89J 在內華達（Nevada）試驗場進行了歷史上唯一一次精靈式的實彈測試（鉛錘實施計畫）。

F-89 總共生產 1050 架，而當美國空軍的防空司令部在 1962 年間讓剩餘的蠍式退役後，它依然在空中國民兵服役，直到 1969 年 7 月才終於淘汰。

儘管蠍式的研發進度十分緩慢，再加上表現平庸和眾多技術問題，但它還是盡一切可能服役了如此久的時間，這點相當值得注意。由於蠍式的表現被性能高出許多的飛機超越，它很快就變得老舊過時。●

▼ 諾斯洛普F-89H-1-NO 54-310蠍式

諾斯洛普 F-89H-1-NO 54-310，FV-310，加州奧克斯納德（Oxnard）空軍基地第 437 戰鬥攔截機中隊，1956 年。從 1955 年到 1960 年，第 437 戰鬥攔截機中隊操作過多種型號的 F-89 戰鬥機。H 型導入了一種新型翼尖油箱，可以在內部攜帶三枚 AIM-4 隼式空對空飛彈。在這張圖片裡，飛彈已經準備好，隨時可發射。

▼ 諾斯洛普F-89J-55-NO蠍式53-2509蠍式

諾斯洛普 F-89J-55-NO 蠍式 53-2509，阿拉斯加德空軍基地第 449 戰鬥攔截機中隊，1958 年。第 449 戰鬥攔截機中隊隸屬於第 11 空軍師（防衛），任務是負責阿拉斯加北部的防空。F-89J 的每個機翼能夠攜帶一枚 AIR-2 精靈式無導引核彈頭火箭和兩枚 AIM-4 隼式飛彈，也能夠在翼尖油箱掛載空對空火箭。

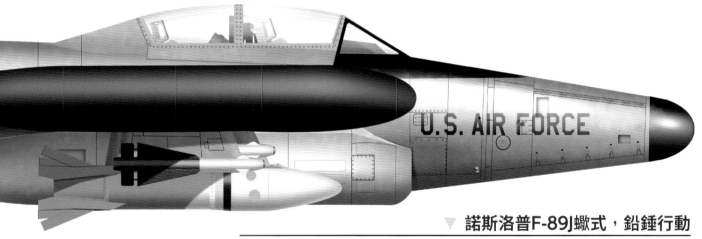

▼ 諾斯洛普F-89J蠍式，鉛錘行動

「鉛錘行動」（Operation Plumbob）於 1958 年 5 月 28 日到 10 月 7 日進行，共完成了 29 次核子試爆，其中測試的一款武器是重頭戲，由一架 F-89J 蠍式戰鬥機發射的 AIR-2 精靈式空對空火箭——這是精靈式有史以來唯一的核彈頭實彈試射。這場測試廣為人知，因為在 7 月 19 日下午 2 點時，有五名軍官和一名攝影師就站在核爆正下方的地面零點拍攝。

洛克希德F-94B-5-LO星火式

洛克希德 F-94B-5-LO，51-5449，FA-449，南韓水原空軍基地（K-13）第 319 戰鬥攔截機中隊，1953 年。第 319 戰鬥攔截機中隊是部署在韓國的幾個全天候攔截機中隊之一。FA-449 號機在韓國創下該中隊首個空對空擊殺紀錄，於 1953 年 1 月 30 日擊落一架「螺旋槳飛機」（可能是一架蘇聯拉沃契金（Lavochkin）LA-9-R）。

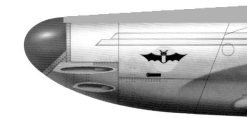

洛克希德 F-94星火式

1949-1959

F-94 全天候攔截機是從洛克希德的雙座教練機流星式 T-33 迅速發展而來的，因此可以把它視為 F-80 的終極研發版本。儘管它不是格外傑出，但以過渡機種的角度來看，它依然服役了相當長一段時間。

洛克希德F-94B-1-LO星火式

洛克希德 F-94B-1-LO，50-879，FA-879，密西根州賽爾福里奇（Selfridge）空軍基地第 61 戰鬥攔截機中隊，1951 年。第 61 戰鬥攔截機中隊的 F-94 擁有華麗的鯊魚嘴塗裝。星火式是第一款在美國空軍服役的全天候噴射攔截機，有兩名機組員，分別是飛行員和雷達官。在這張圖片裡我們可以看到後駕駛艙內收回的座艙罩蓋。

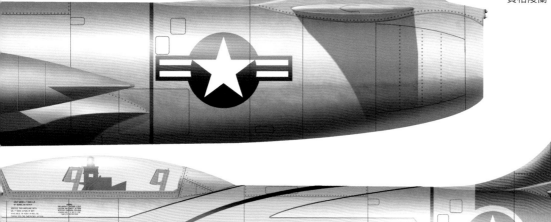

洛克希德 F-94B-1-LO星火式

洛克希德 F-94B-1-LO 星火式，50-871，FA-871，加拿大拉布拉多古斯空軍基地第 59 戰鬥攔截機中隊，1951 年。第 59 戰鬥攔截機中隊從 1951 年到 1955 年操作星火式戰鬥機，分派給位於加拿大的東北航空司令部（Northeast Air Command），它負責格陵蘭、拉布拉多和紐芬蘭的空防任務。

若 要讓美國空軍在 1948 年選擇的全天候夜間戰鬥機諾斯洛普 F-89 符合需求，看起來還要花費許多時間，顯然美國在這方面作戰能力的缺口需要填補。

1948 年 12 月，美國空軍找上洛克希德，這間公司正因為在破紀錄的時間內扭轉 P-80 的局面而聲名大噪。美國空軍詢問他們能否在一年內設計並生產一款裝備休斯 E-1 雷達的新型雙座機。洛克希德很仔細地分析這項工作的內容，最後決定這是可以達成的。

詹森（Kelly Johnson）和他的團隊拿出現有的 F-80 雙座版 T-33，然後依照美國空軍提出的規格加以改裝。機體裝上六挺 12.7 公釐口徑機槍，一組全新設計的機鼻和新的引擎——T-33 原本的 J33 引擎換成艾里遜 J33-A-33 引擎——並裝有全世界第一批生產出來的後燃器。

當洛克希德的新戰機看起來即將成形，一切順利的時候，美國空軍下單準備採購 110 架，並賦予了 F-94A 這個編號。原型機在 1949 年 4 月 16 日進行首飛，它只花了 13 個星期就完成。

他們在早期的飛行測試中發現六挺機槍會產生重心問題，拆下兩挺後便獲得改善。而從翼尖延伸出去的翼尖油箱，也被懸吊在翼尖下方的油箱取代。

當這些改變都完成之後，第一批生產出來的 F-94A 就準備好交付給美國空軍進行測試，並且在 1949 年 12 月順利驗收。此時距離美國空軍當初詢問洛克希德是否造出這架飛機，只有短短一年而已。第一個接收這款戰機的單位是第 325 全天候戰鬥機中隊，時間是 1950 年 6 月，及時趕上了韓戰開打。

F-94 取代了第 317、第 318 以及第 ▶

洛克希德F-94B-5-LO星火式

洛克希德 F-94B-5-LO 星火式，51-5480，FA-480，日本板付（Itazuke）空軍基地第 68 戰鬥攔截機中隊，1954 年。在韓戰期間，第 68 戰鬥攔截機中隊以日本為基地，派出分遣隊進駐幾座位於韓國的空軍基地。

洛克希德F-94星火式

洛克希德F-94C-1-LO星火式 ▽

洛克希德 F-94C-1-LO 星火式，51-13547，FA-547，蒙大拿州大瀑布（Great Falls）空軍基地（之後的馬姆斯特倫 Malmstrom 空軍基地）第 29 戰鬥攔截機中隊，1954 年。第 29 戰鬥攔截機中隊在 1953 年到 1957 年間裝備星火式的 C 型，由第 29 空軍師管轄。
它隸屬於防空司令部，負責保衛蒙大拿州、愛達荷州、懷俄明州、
北達科他州、南達科他州和內布拉斯加州，以及部份的內華達
州、猶他州和科羅拉多州。

319 攔截機中隊的活塞引擎 F-82F，準備好對付任何蘇聯轟炸機可能的攻擊。

在韓國作戰期間，F-94A 的續航力顯然因為後燃器耗油量太大以及雷達設備的重量而受到嚴重侷限，因此洛克希德修改設計，打造出 F-94B。修改的地方包括容量大上許多的翼尖油箱、強化的起落架、改良的液壓系統、新的自動駕駛儀和改進的飛行儀器。美國空軍總共訂購 357 架 F-94B。

其實早在 1949 年時，洛克希德就已經制定出更好的全天候暨夜間戰鬥機的計畫。F-94 會有更薄的新機翼、後掠的水平安定尾翼、減速傘、新的西屋自動駕駛儀和另一具新引擎——以英國勞斯萊斯（Rolls-Royce）RB.44 泰（Tay）渦輪噴射引擎（這具引擎是勞斯萊斯尼恩（Nene）引擎的放大版）為基礎的普惠公司（Pratt & Whitney）J48-P-5 引擎。

它也會裝上一套休斯的射控系統，並和自動駕駛儀連線，配備 24 枚向前發射的摺翼式空射火箭彈，分成四組安裝在機鼻內，每組 6 枚。

甚至在 F-89 開始服役的時候，美國空軍在 1950 年下半年已經決定訂購洛克希德的新款 F-94，並給予新編號 F-97A。當局再度下單，訂購 110 架，但編號卻是 F-94C，不過也給了這款飛機「星火式」這個新名字。

新的 F-94C 在 1951 年 7 月開始交機，且在 1953 年時，每個機翼都裝上一組額外的 12 聯裝火箭莢艙。由於當局不斷追加，到了 1954 年 5 月總共交付了 387 架。

較老舊的 F-94A 和 B 型在 1954 年初逐漸淘汰，並被 F-89C 和 D 型與 F-86D 取代，不過它們會繼續在空中國民兵服役。1957 年 11 月，F-94C 從美國空軍退出現役，並在 1959 年夏天從空中國民兵退役。

F-94 堪稱是 P-80/F-80 流星式生涯的最後一次高峰。它儘管倉促服役，卻證明堅固耐用，性能可靠——恰好就是美國空軍需要的，並且在需要的時候準時出現。●

較老舊的F-94A和B型在1954年初逐漸遭到淘汰，
並被F-89C和D型與F-86D取代

洛克希德F-94C-1-LO星火式 ▽

洛克希德 F-94C-1-LO 星 火 式，50-1063，FA-063，加州奧克斯納德空軍基地第 354 戰鬥攔截機中隊，1954 年。第 354 戰鬥攔截機中隊被整編進第 533 防空大隊／第 27 空軍師，在1953 到 1955 年配備 F-94C。它的任務是保衛加州南部。

◁ ### 洛克希德F-94C-1-LO星火式

洛克希德 F-94C-1-LO 星 火 式，51-13555，FA-555，紐約州格里菲斯空軍基地第 27 戰鬥攔截機中隊，1955年。第 27 戰鬥攔截機中隊在 1954 年將星火式 B 型換裝成 C 型，並操作它們直到該中隊在 1956 年解散為止。

洛克希德F-94C-1-LO星火式 ▽

洛克希德 F-94C-1-LO 星火式，51-13600，FA-600，德拉瓦州多弗（Dover）空軍基地第 46 戰鬥攔截機中隊，1953 ～ 1958 年。第 46 戰鬥攔截機中隊隸屬於第 4710 防空聯隊，操作 F-94C 長達五年時間，負責賓夕法尼亞州東南部、新澤西州南部、德拉瓦州和馬里蘭州的空防。

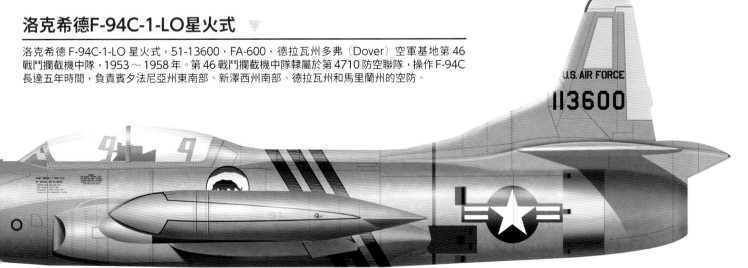

41821

FW-

北美F-100 超級軍刀式

北美公司堅固耐用的超級軍刀式戰鬥機，是美國空軍第一款在水平飛行時能達到超音速的戰機，也是「世紀系列」（Century Series）的第一架。它因用來取代該公司原本的軍刀式戰鬥機而得名，但卻更擅長扮演戰鬥轟炸機的角色。

1953-1979

北美F-100C-15-NA超級軍刀式

北美 F-100C-15-NA 超級軍刀式，54-1821，FW-821，德州福斯特（Foster）空軍基地第 450 日間戰鬥機聯隊，1955 年。美國空軍在導入 F-100C 之後，就擁有超級軍刀式版本的戰鬥轟炸機。這款機型在 1955 年跟著第 450 日間戰鬥機聯隊進入美國空軍服役。

北美航空的萊斯（Raymond Rice）和施穆爾（Edgar Schmuel）從 1949 年 2 月起就展開一系列研究工作，目標是打造出可以突破音障的軍刀式。他們希望把 F-86 的機翼後掠角度從 35 度增加到 45 度，機身設計改採用面積法則（area rule），以及安裝推力更強大的渦輪噴射引擎，如此一來，應該可以達成目標。

他們提交給美國空軍的「先進 F-86D」提案融合了這些設計元素，卻遭到駁回。北美航空不死心再試一次，把名稱換成「先進 F-86E」，其特點包括更修長的機身和重新設計的機鼻進氣道。但儘管有這些改良，這個設計仍沒有辦法帶來大幅躍進的性能表現——尤其是在其他廠商都承諾會達到二馬赫以上速度的年代。

第三個提案是「NA-180 軍刀 45」，把前兩個提案所有的創新特色全都整合進來。這架飛機跟原本的飛機相比幾乎完全不一樣，軍刀 45 實際上更大也更重，它裝有普惠公司 J57-P-1 後燃渦輪噴射引擎，因此速度明顯提高，推力也更強勁。

北美航空打算讓軍刀 45 裝上雷達，讓它成為實用的攔截機，能夠取代 F-86D，但美國空軍再度表示沒有興趣。空軍真正想要的就是一款簡單的高性能、以機砲為武裝的日間戰鬥機，這給已設計出雷達且以更大的機鼻進氣口來取代 F-86D 的北美航空帶來小小的困擾。軍刀 45 將會配備四門 20 公釐口徑機砲。

時間來到 1951 年，F-86 軍刀式在和米格 -15 的較量中占上風，但是空軍當局心知肚明，這樣的優勢很大一部份是因為旗下

北美F-100A-10-NA超級軍刀式

北美 F-100A-10-NA 超級軍刀式 53-1700，FW-700，加州喬治空軍基地第 479 日間戰鬥機聯隊第 434 日間戰鬥機中隊，1955 年。F-100A 在 1954 年 9 月正式進入美國空軍服役，撥交給駐防加州喬治空軍基地的第 479 日間戰鬥機聯隊，這是一架後期的 A 型，擁有加大的垂直尾翼。

北美F-100超級軍刀式

飛行員訓練較佳且經驗豐富,而不是F-86本身的性能,因此亟需新式戰機來取代軍刀式戰鬥機,可以讓美國空軍在對抗共產蘇聯設計的裝備時,取得顯著的技術優勢。

儘管有些人認為,以大量生產的日間戰鬥機標準來看,軍刀45太過複雜且昂貴,美國空軍委員會(USAF Council)卻在1951年10月決定繼續進行這款飛機的開發工作。到了11月初,空軍當局和北美航空簽訂協議書,訂購兩架軍刀45(NA-180)原型機和110架NA-192的批量生產型。美國空軍非常渴望讓這款飛機服役的

心情是顯而易見的,且根據這份計畫,北美航空甚至在第一架飛機升空前,就先在生產型架上建造原型機,並為接下來的批量生產累積零組件。

該機的實體模型檢查在11月9日進行,結果有超過100個地方必須更動設計。例如將駕駛艙的座艙罩拉長,水平安定尾翼位置往下移,機身的形狀也有所調整。

新的機型在12月被賦予F-100這個編號,在接下來超過半年的時間裡,又進行了一連串臨時變更,將自封油箱換成較輕的非自封油箱,機鼻也拉長22.9公分,水平

和垂直安定尾翼也因為翼弦增加而些微縮短,外部武器掛架也做了幾處修正。

1952年10月,美國空軍要求北美航空是否能夠為F-100設計機翼油箱,以便提高作戰半徑。這項工作也隨之展開。

北美航空的洛杉磯工作室在1953年4月24日完成第一架YF-100A原型機,序號為52-5754。它的動力來源是一對普惠公司J57-P-7引擎,在一般狀況下推力達9220磅(4182.1公斤),或是在開啟後燃器的狀況下達到1萬4800磅(6713.2公斤),但為了測試需要降低功率。這架飛

北美F-100C-25-NA超級軍刀式 ▶

北美F-100C-25-NA超級軍刀式,54-1984,FW-984,西德蘭施圖爾空軍基地(之後的拉姆施泰因Ramstein)空軍基地第36日間戰鬥機聯隊第53日間戰鬥機中隊,1956年。

北美F-100D-25-NA超級軍刀式 ▶

北美F-100D-25-NA超級軍刀式,55-3637,FW-637,英國皇家空軍伍德布里治(Woodbridge)基地第20戰術戰鬥機聯隊第79戰術戰鬥機中隊,1960年。第79戰術戰鬥機聯隊的任務是支援北約部隊,投擲傳統炸彈或核彈。

北美F-100C-5-NA超級軍刀式

北美 F-100C-5-NA 超級軍刀式，54-1800，FW-800，北卡羅來納州西摩詹森（Seymour Johnson）空軍基地第 4 戰術戰鬥機聯隊第 333 戰術戰鬥機中隊，1958 年。這架飛機擁有戰術空軍司令部的 1958 年戰術戰鬥機武器會（Tactical Fighter Weapons Meet）期間的特殊塗裝，該中隊代表美國第 9 航空隊，參與在奈利斯空軍基地舉辦的競賽。

機之後轉移到愛德華空軍基地，準備進行飛行測試。

二次大戰空戰王牌韋爾奇（George Welch）前來北美航空擔任試飛員，他於 5 月 25 日，進行這架長達 55 分鐘的處女航，並在超過 9144 公尺高空的水平飛行過程中突破音障。之後又在同一天稍晚長達 20 分鐘的第二趟飛行中，再次締造這個紀錄。

在 9144 公尺以上的高空，YF-100A 可以輕易達到超音速，甚至在低空也能夠以逼近一馬赫的速度飛行。不到兩個月之後，也就是 1953 年 7 月 6 日，這架飛機在 15544.8 公尺的高度俯衝後，達到 1.44 馬赫的速度。同一個月，美國空軍在提出機翼油箱的要求之後，再度要求這些新機翼要能夠掛載炸彈。

1953 年 10 月 14 日，韋爾奇駕駛編號為 52-5755 的第二架原型機進行首飛，其後在 1953 年 10 月 19 日舉行展示這架飛機的記者會，這是美國大眾首度得知 F-100 計畫的存在。韋爾奇駕機在離地僅 30 公分的地方，以大約一馬赫的速度 ▶

北美F-100超級軍刀式

▼ 北美F-100D-50-NH超級軍刀式

北美 F-100D-50-NH 超級軍刀式，55-2907，FW-907，路易斯安那州英格蘭空軍基地第614 戰術戰鬥機中隊，1961 年。第 614 戰術戰鬥機中隊駐防在路易斯安那州英格蘭空軍基地，曾部署到歐洲和中東的幾個地方，以支援北約，之後就被派往越南。

▼ 北美F-100D-25-NA超級軍刀式

北美 F-100D-25-NA，55-3604，南越邊和（Bien Hoa）空軍基地第 3 戰術戰鬥機聯隊第 416 戰術戰鬥機中隊，1966 年。F-100（或簡稱「百式」Hun）在越戰初期就被派往當地，第一架飛機在 1961 年抵達。第 416 戰術戰鬥機中隊在 1965 年前往越南的空軍基地。這架飛機在它的軍用註冊編號前方有一個數字「0」，意思是這架飛機已經服役超過十年。

北美F-100D-90-NA超級軍刀式 ▷

北美 F-100D-90-NA，56-3264，FW-264，維吉尼亞州蘭利空軍基地、南越邊和空軍基地第 510 戰術戰鬥機中隊，1967 年。第 510 戰術戰鬥機中隊在 1964 到 1969 年部署在越南，之後解散。但過了 25 年之後，又在 1994 年重新編成。

如子彈般飛過記者看臺，並成功利用所產生的音爆，震碎棕櫚谷（Palmdale）機場行政大樓的玻璃窗，讓在場的記者大為震撼。

在短短一週之後，第一架生產型的F-100A——序列號 52-5756——順利升空。曾經歷過二次大戰的埃佛勒斯（Frank Kendall Everest）上校，當天駕駛這架飛機創下每小時 1215.3 公里的飛行速度世界紀錄。當時原本的世界紀錄是每小時

1211.7 公里，僅在 26 天之前由美國海軍的維丁（James B. Verdin）上尉創下。

北美航空的公關部門那天當然也在現場舉辦重要活動，宣布該公司已經生產出全世界第一架服役的超音速戰鬥機。其實這項宣布有點太早了，因為它實際上還沒正式服役，才剛開始測試而已。

雖然埃佛勒斯對這架飛機前所未有的直線飛行表現令人印象深刻，但他發現駕駛

艙視野狹隘，使起飛和降落都相當棘手，且大角度的後掠翼代表著陸速率一定很快——這會使問題更複雜。同樣地，這架飛機在低速的時候難以操控，高速飛行時則縱向穩定性欠佳。

早期的飛行測試顯示這架飛機也有方向舵顫振的問題，因此透過液壓阻尼器（damper）來矯正。但儘管如此，試飛員一致同意，考慮到種種不同的問題，以及缺

▶

▲ 北美F-100D-20-NA超級軍刀式

北美 F-100D-20-NA 超級軍刀式，55-3568，FW-568，日本板付空軍基地第 8 戰鬥轟炸機聯隊第 35 戰術戰鬥機中隊，1959 年。超級軍刀式也具備戰術核武轟炸能力，本圖把這架第 35 戰術轟炸機中隊的飛機描繪為掛載 Mark 7 核彈的模樣。

乏整體的飛行測試，代表這架飛機還不適合在第一線服役，但是他們的評估報告被擱置在旁。把這款飛機撥交到美國空軍各中隊的準備工作，絲毫不受影響地繼續進行。

1953 年 11 月底，駐防在喬治空軍基地的戰術空軍司令部第 479 日間戰鬥機聯隊開始換裝第一批 F-100A。一個月之後美國空軍決定最後 70 架 F-100A 應該加以修改，以便用作 NA-214 計畫的戰鬥轟炸機。它們將擁有新的機翼，同時攜帶燃料並掛載炸彈，之後重新編號為 F-100C。美國空軍接著在 1954 年 2 月 24 日下了另外 230架 F-100C 的訂單。到 5 月 27 日為止，F-100C 的訂購數量達到 564 架。

第四架生產型的 F-100A 成為 YF-100C 的原型機，雖然它的機翼沒有辦法翻新成擁有內置油箱的構型，但已經過改裝，能夠掛載可拋棄式油箱或最高達 2268公斤的酬載，翼尖也延長 30.5 公分。之後 F-100A 也實施這項修改，F-100C 的右翼下方也加裝了空中加油管。

1954 年 9 月 27 日，當局下令將許多已經下單的 F-100C 改為 F-100D，而第一個配備 F-100A 的第 479 日間戰鬥機聯隊在兩天後正式投入使用。

F-100D 根據 F-100 的基本設計做了

北美F-100D-90-NA超級軍刀式 ▽

北美 F-100D-90-NA 超級軍刀式，56-3339，南越邊和空軍基地第 3 戰術戰鬥機聯隊第 90 戰術戰鬥機中隊，1966 年。

大量更動，並且修正了很多因為倉促研發和導入所產生的問題。這款機型再度裝上新的機翼——這種機翼在翼根處有比較大的翼弦，這是由於後掠角度較小的內側襟翼增加了翼面積，能降低著陸速率；翼下派龍架可用爆炸螺栓（explosive bolt）投棄，而不是單純依靠重力，此外還添加了新的中線硬點（centreline hardpoint）。F-100D 還有一個特色，就是內建電子反制裝備，並配備 AN/AJB-1 低空轟炸系統和一組 AN/APS-54 機尾警告雷達。

即使已經為這個大幅改進的設計制定

計畫，F-100A 仍然有一個在當時還未察覺的重大缺陷：這架飛機的尾翼太小，強度也太弱。這代表這架飛機有方向不穩定的問題，且尾翼本身在極端機動過程中的應變上，會達到危險的程度，若是裝上可拋棄式油箱，會讓這個狀況雪上加霜。

1954 年 10 月 12 日，韋爾奇在駕駛 F-100A 的時候犧牲——第九架生產型，編號 52-5764——這架飛機在測試俯衝及恢復的過程中解體。另一位經驗老到的試飛員，來自皇家空軍中央戰鬥機發展處（Central Fighter Establishment）的史

蒂芬生（Geoffrey Stephenson），他曾經評估過 F-100A，也在不久之後死於類似的意外。第三位飛行員埃默里（Frank N. Emory）少校則是僥倖逃過一劫，他駕駛的 F-100A 也在進行高 G 力機動的過程中解體。

所有 180 架剩餘的 F-100A 就此停飛——其中 68 架已經服役，另外 112 架正準備交機——北美航空迅速著手調查問題所在，並研擬解決方案。他們隨即發現必須更

改尾翼設計，於是設計出長度增加的尾翼，將垂直區域增加至 27%。

在此期間，第一架生產出來的 F-100C 在 10 月 19 日完工。儘管仍在機隊停飛期間，還是安排在十天後有條件交機。

新設計的加大尾翼在 1955 年初導入位於洛杉磯的組裝線，第 184 架 F-100A 在生產時就用到它，剩下的 F-100A 也立即升級到相同標準。升級過後的飛機就不再 ▶

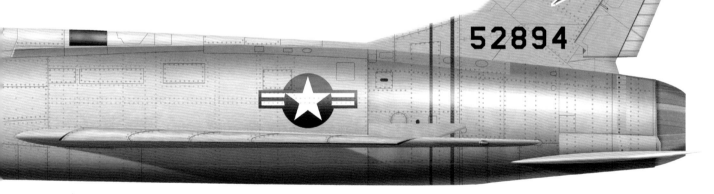

◢ 北美F-100D-50-NH超級軍刀式

北美 F-100D-50-NH 超級軍刀式，55-2894，南越邊和空軍基地第 3 戰術戰鬥機聯隊第 416 戰術戰鬥機中隊，1965 年。在 1965 年 4 月 4 日一趟護航 F-105 的任務期間，F-100 參與了越戰中美國空軍第一場噴射機之間的空戰，其中一架由基爾格斯（Donald W. Kilgus）上尉駕駛，他成功擊落一架米格 -17。

◀ 北美F-100D-20-NA
超級軍刀式

北美 F-100D-20-NA 超級軍刀式，南越藩郎（Phan Rang）空軍基地第 31 戰術戰鬥機聯隊第 308 戰術戰鬥機中隊，1970 年 9 月。這架飛機是越戰期間最後一架被擊落的 F-100。

北美F-100超級軍刀式

北美F-100D-20-NA超級軍刀式 ▽

北美 F-100D-20-NA 超級軍刀式，55-3520，雷鳥隊六號機，內華達州奈利斯空軍基地第 4520 飛行表演中隊，1961 年。這支知名的飛行特技表演隊在 1956 年到 1966 年之間操作超級軍刀式，在 1964 年時曾換裝共和的 F-105，但在一場意外之後又換回 F-100。

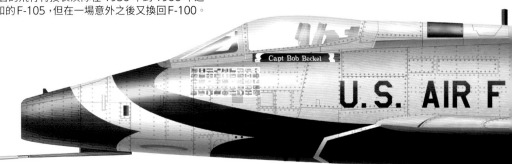

北美F-100F-10-NA超級軍刀式 ▽

北美 F-100F-10-NA 超級軍刀式，56-3837，南越符吉（Phu Cat）空軍基地第 37 戰術戰鬥機聯隊第 416 戰術戰鬥機中隊，1968 年。在越南，第 37 戰術戰鬥機聯隊的 F-100F 主要用來擔任前進空中管制機（forward air controller，FAC），無線電呼號「霧濛」（Misty），在低空飛行以追蹤並標記敵軍目標，以便後續發動攻擊。

北美F-100F-10-NA超級軍刀式 ▷

北美 F-100F-10-NA 超級軍刀式，56-3836，南越藩郎空軍基地第 35 戰術戰鬥機聯隊第 615 戰術戰鬥機中隊，1967 年。F-100 在越南執行米格戰鬥空中巡邏（MiGCAP）任務，單座機和雙座機都配備空對空飛彈，以執行這類作戰。在這張圖片裡，這架 F-100F 裝備了雙聯裝 AIM-9B 響尾蛇（Sidewinder）飛彈發射架。

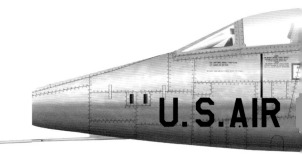

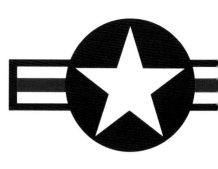

定、引擎毛病、炸彈釋放系統故障、射控系統不精準等等，但都透過逐步升級而陸續克服，這些升級作業都在飛機服役期間進行。在 TF-100C 進行測試之後，雙座的生產型 F-100F 於 1957 年 3 月 7 日首飛，並在 1958 年 1 月交機。

最後一架 F-100 在 1959 年 10 月離開生產線，總生產量達 2294 架。這架飛機隨著美國空軍在越南大量服役——主要擔任對地攻擊任務——並在海外如臺灣、法國和土耳其等地服役。1979 年 11 月 10 日，空中國民兵駕駛 F-100 進行最後一次任務。●

禁飛。因此，第一架 F-100C 在 1955 年 1 月 17 日升空，第 450 日間戰鬥機中隊於 4 月開始接收本機型。

最後一批 F-100A 的交機工作在當年 7 月完成——第 450 日間戰鬥機中隊也在同一個月展開戰備任務——而在 1955 年 8 月 20 日，亨斯（Horace Hanes）上校駕駛 F-100 創下了新的飛行速度世界紀錄，他駕駛第一架 F-100C 達到每小時 1323.1 公里的紀錄。北美航空在 1955 年 12 月收到一份合約，內容是建造 F-100 的雙座教練機型，也就是 TF-100C。

第一架 F-100D 在 1956 年 1 月 24 日升空，而美國空軍的雷鳥特技表演隊在 1956 年 5 月 19 日開始換裝成 F-100C。

第一架、也是唯一的一架 TF-100C 在 1956 年 8 月 3 日首飛，但之後在進行一次螺旋試驗途中，因為沒有辦法恢復而墜毀。

1956 年 9 月，第一批交機的 F-100D 由駐防在蘭利空軍基地的第 405 戰鬥轟炸機聯隊接收。

F-100D 的初期問題包括電力系統不穩

北美F-100F-20-NA
超級軍刀式

北美 F-100F-20-NA 超級軍刀式，58-1221，泰國皇家空軍柯叻（Korat）基地第 388 戰術戰鬥機聯隊、第 6234 戰術戰鬥機聯隊野鼬分遣隊（Wild Weasel Detachment），1966 年。由於需要應付愈來愈嚴重的地對空飛彈威脅，專用的飛機和人員開始在越南戰區作業。第一批機組員和經過特殊改裝以執行這類任務的 F-100F 在 1965 年部署到越南——他們可偵測敵方防空雷達系統，並由其他飛機進行後續攻擊。

麥克唐納 F-101巫毒式

和 F-100 的 15.24 公尺相比，F-101 頭尾長達 20.55 公尺，十分巨大，性能強勁且難以駕馭。雖然它的設計目的是戰鬥機，但它在服役生涯中絕大部分時間都在執行偵察、核彈轟炸和攔截等勤務。

32426

FIRE WALL

麥克唐納F-101A-5-MC巫毒式 ▲

麥克唐納 F-101A-5-MC 巫毒式，53-2426，「防火牆行動」（Operation Firewall），1957 年。1957 年 12 月 12 日的「防火牆行動」期間，這架飛機在愛德華空軍基地一條 16.1 公里長的航線上，創下每小時 1943.4 公里的飛行速度世界紀錄。

U.S. AIR FORCE

60068

1954-1982

美國陸軍航空軍在 1946 年初發布一份需求，需要一款長程深入敵方的「穿透」（penetration 又譯突防）噴射戰鬥機，能夠護航攜帶核彈的轟炸機前往目標並返回。麥克唐納飛行器公司（McDonnell Aircraft）在 1946 年 4 月提出 36 型（Model 36）的計畫來滿足這個需求，美國陸軍航空軍於是在 6 月 20 日和該公司簽訂合約，發展這架編號為 XP-88 的飛機，並訂購兩架原型機。

這款設計特色是 35 度的後掠翼與激進的 V 形尾翼佈局，但後者馬上被放棄，換成比較傳統的尾翼設計。1948 年 7 月 1 日，由於美國空軍正式建軍，成為獨立軍種，編號的「P」改成「F」，這兩架原型機被重新編號為 XF-88 和 XF-88A。不久之後，麥克唐納也為 F-88 系列取了巫毒式（Voodoo）這個名字。

XF-88 的動力來源是兩具安置在機身內的西屋 XJ34-WE-13 渦輪噴射引擎，在 1948 年 8 月 11 日完成，並在 10 月 20 日首飛。其後在 1949 年 3 月進行更多次飛行測試，結果發現這架飛機在高速時表現平平。

因此 XF-88A 加裝了後燃器，並在 1949 年 4 月 26 日進行處女航。它的表現良好，並在「穿透（突防）」戰鬥機競賽中打敗各路對手——洛克希德的 XF-90 和北美航空的 XF-93A。但計畫資金在此時被削減，這代表剛誕生的 F-88 在生產合約簽訂之前只能束之高閣。

不過韓戰期間的實戰經驗指出，長程轟炸機護航依然有其需求，因此美國空軍在 1951 年時又發布新的要求。雖然有幾間公司投標，但麥克唐納的 F-88 已經發展得相當完善，因此成功贏得競標。

1953 年 10 月 11 日，美國空軍和麥克唐納簽訂合約，發展 F-101 的偵察型，YRF-101A 的模型審查在 1954 年 1 月 13 日進行。

當第一架單座的 F-101A 出現時，它大部分是以早期的設計為基礎，但有幾項重大改良——引擎大幅升級，從推力 3000 磅（1360.8 公斤）的 J34 換成普惠公司的 J57-P-13 引擎，每具推力達 1 萬 200 磅（4626.7 公斤）；它的進氣口也加大，水平安定尾翼的位置提高，機翼和尾翼的翼弦也增加。它的武裝為四門 20 公釐口徑 M39 機砲和一組 K-19 瞄準器。

這架飛機的首飛在 1954 年 9 月 29 日進行，麥克唐納的試飛員利托（Robert C. Little）輕輕鬆鬆就達到超音速——這是史

▶

▽ 麥克唐納F-101C-50-MC巫毒式

麥克唐納 F-101C-50-MC 巫毒式，56-0027，英國皇家空軍伍德布里治基地第 81 戰術戰鬥機聯隊第 78 戰術戰鬥機中隊，1959 年。新款的巫毒式 F-101C 在 1957 年進入戰術空軍司令部服役。這架飛機在 1958 年轉調到美國駐歐空軍的單位，在皇家空軍的基地內作業。

▽ 麥克唐納RF-101C-65-MC巫毒式

麥克唐納 RF-101C-65-MC 巫毒式，56-0068，南卡羅來納州蕭（Shaw）空軍基地第 363 戰術偵察聯隊第 20 戰術偵察中隊，1962 年。古巴飛彈危機期間，第 363 戰術偵察聯隊把 RF-101C 部署到佛羅里達州的麥克迪爾（MacDill）空軍基地；1962 年秋天，美國當局對古巴領土進行密集的低空偵察飛行作業，目的是蒐集蘇聯軍力集結狀況，包括偵測 SA-2 地對空飛彈。

麥克唐納F-101巫毒式

▼ 麥克唐納RF-101C-40-MC巫毒式

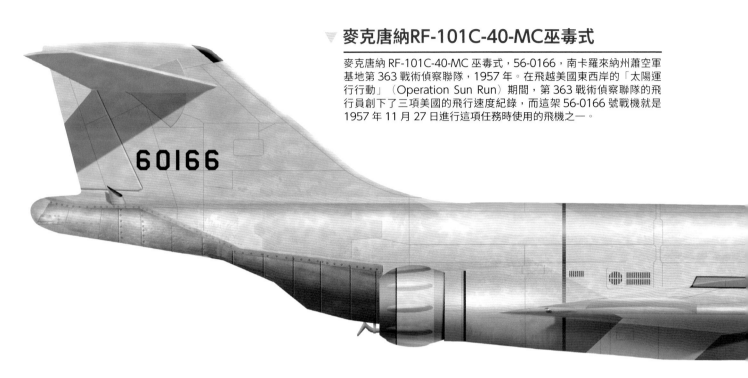

麥克唐納 RF-101C-40-MC 巫毒式，56-0166，南卡羅來納州蕭空軍基地第 363 戰術偵察聯隊，1957 年。在飛越美國東西岸的「太陽運行行動」（Operation Sun Run）期間，第 363 戰術偵察聯隊的飛行員創下了三項美國的飛行速度紀錄，而這架 56-0166 號戰機就是 1957 年 11 月 27 日進行這項任務時使用的飛機之一。

上第一次新飛機在首次飛行時就超越音速。一架 F-100 受命擔任伴隨機，但即使打開後燃器仍無法跟上。

F-101A 早期的一個毛病是承受超過 6.33 個 G 力時，沒有辦法處理負載。美國空軍原本指定的是 7.33 個 G 力，但決定先使用早期的 6.33 個 G 力的機身，直到它的結構強化。修改後的機型編號為 F-101C。

不過更糟的是，這架飛機有個令人困擾的傾向，就是只要最輕微的誘發就會上仰──這個問題始終都沒有妥善解決。此外，

該機朝前收起的鼻輪也有問題，如果空速超過每小時 144.8 公里的話，就會因為力量不夠而無法收起。

偵察型的原型機 YRF-101A 於 1955 年 6 月 30 日進行首飛，此時麥克唐納正忙於 F-101B 的研發工作──這架飛機的雙座長程攔截機版本。F-101A 總算在 1957 年 5 月時開始交機給第 27 戰略戰鬥機聯隊，同時 RF-101A 也交付給第 363 戰術偵察聯隊第 17 戰術偵察中隊，取代該單位原本使用的 RB-57A/B 坎培拉式（Canberra）。

就在兩個月之後，第 27 戰略戰鬥機聯隊改隸戰術空軍司令部，並成為第 27 戰鬥轟炸機聯隊。F-101A 以「戰鬥機」的身分服役短短兩個月以後，重新裝備並擔任核子轟炸機的任務。1957 年 7 月，新的 F-101C 偵察機版本 RF-101C 首度飛行。

在此期間，也就是亨斯駕駛 F-100C 創下新的飛行速度世界紀錄不到一年之後，美國失去世界紀錄寶座，由英國的特維斯（Peter Twiss）駕駛的英國費爾雷飛行器

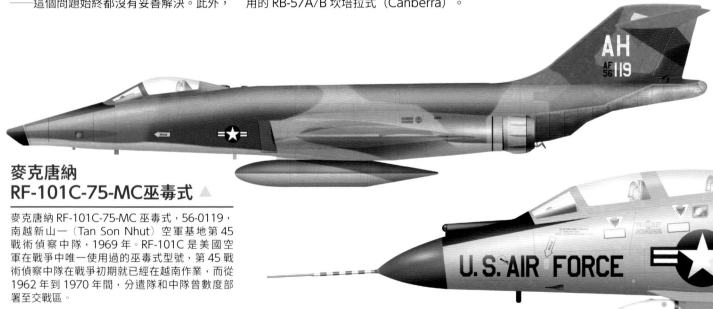

麥克唐納 RF-101C-75-MC巫毒式 ▲

麥克唐納 RF-101C-75-MC 巫毒式，56-0119，南越新山一（Tan Son Nhut）空軍基地第 45 戰術偵察中隊，1969 年。RF-101C 是美國空軍在戰爭中唯一使用過的巫毒式型號，第 45 戰術偵察中隊在戰爭初期就已經在越南作業，而從 1962 年到 1970 年間，分遣隊和中隊曾數度部署至交戰區。

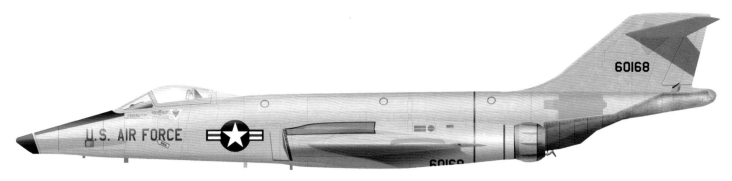

麥克唐納RF-101C-40-MC巫毒式

麥克唐納 RF-101C-40-MC 巫毒式，56-0168，日本三澤空軍基地第 45 戰術偵察中隊，
1958 年。在美國太平洋空軍（PACAF）戰區內作業的 RF-101C，採用全機漆成淺灰色的
塗裝，而當這些飛機為因應越南的衝突而部署的時候，就改為東南亞（SEA）色系塗裝。

公司（Fairey Aircraft）三角洲二型（Delta 2）奪得。現在美國人手上有一架平飛速度頗快的飛機可用來扳回一城。第 27 戰鬥轟炸機聯隊的德魯（Adrian Drew）少校駕駛一架改裝更強勁 J57-P-53 引擎的 F-101A，在 1957 年 12 月 12 日破紀錄，達到每小時 1943.4 公里。

結構更為強化的 F-101C，其他方面幾乎與 F-101A 相同，在 1958 年進入第 27 戰鬥轟炸機聯隊服役，之後在 1958 年 7 月 7 日接受改編，成為第 27 戰術戰鬥機聯隊。RF-101C 在 1958 年 6 月服役。

大約半年之後，也就是 1959 年 1 月 5 日，F-101B 進入第 60 戰鬥攔截機中隊服役。F-101B 裝有 J57-P-55 引擎，配備比 A 型更長的後燃器機件，它還配備休斯 MG-13 射控系統，可用來發射核彈頭或傳統彈頭的空對空飛彈與火箭，包括 AIM-4 隼式和 AIR-2 精靈式。

F-101 的教練機型在 1961 年研發出來，編號為 F-101F。它和雙座型的 F-101B 類似，但是安裝了雙重控制系統。當年 4 ▶

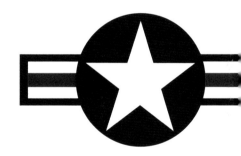

麥克唐納F-101B-95-MC巫毒式 ▽

麥克唐納 F-101B-95-MC 巫毒式，57-0364，麻薩諸塞州奧提斯（Otis）空軍基地第
60 戰鬥攔截機中隊，1970 年。F-101B 在 1959 年 1 月 5 日進入美國空軍第 60 戰鬥
攔截機中隊服役，它能夠配備攜帶核子彈頭的 AIR-2 精靈式火箭。

麥克唐納F-101巫毒式

月時，56 架 F-101B 和 10 架 F-101F 銷售給加拿大，飛機重新編號為 CF-101B。

1964 年間，總計有 29 架老舊的 F-101A 和 32 架 F-101C 改裝成偵察型的機體，分別成為 RF-101G 和 RF-101H。最後，在 1970 年和 1972 年之間，加拿大當局把 56 架 CF-101B 還給美國空軍，交換 66 組「新的」機體。這些機體的製造時間其實比加拿大手中的第一批還要早，但是飛行時數較低。加拿大之後把舊機上的引擎拆下，裝到新的機體上，而舊的機體絕大部分都被拆解。

F-101 在相對較長的服役時間裡，扮演過多種不同角色，但最成功的非偵察平臺莫屬。在越戰期間服役的 RF-101C，飛行速度比 F-4、F-8 或 F-105 都要快，飛行員依賴它們躲過敵軍戰鬥機、高射砲和地對空飛彈的交叉火網。F-101 儘管沒有辦法在戰鬥機這個角色上帶來重大影響，但還是盡力證明自身存在的價值。F-101 系列共生產807 架。●

麥克唐納F-101B-70-MC巫毒式 ▽

麥克唐納 F-101B-70-MC 巫毒式，56-0271，俄亥俄州哥倫布（Columbus）洛克伯恩（Lockbourne）空軍基地第 87 戰鬥攔截機中隊。第 87 戰鬥攔截機中隊在 1960 年到 1968 年之間操作巫毒式。F-101B 能夠在其武器艙中攜帶 AIM-4 隼式飛彈。

麥克唐納F-101B-105-MC巫毒式 ▽

麥克唐納 F-101B-105-MC 巫毒式，58-0259，亞利桑那州戴維斯 - 蒙森（Davis-Monthan）空軍基地第 15 戰鬥攔截機中隊，1962 年。第 15 戰鬥攔截機中隊在 1960 到 1964 年解散期間操作 F-101B。這張圖片描繪這架飛機於 1983 年在埃格林（Eglin）空軍基地的測試場中出現，機身呈現天然金屬色澤。

麥克唐納F-101B巫毒式 ▽

麥克唐納 F-101B，58-0303，佛羅里達州廷德爾（Tyndall）空軍基地防空武器中心（Air Defense Weapons Center），1979-1981 年。防空武器中心使用巫毒式戰鬥機來訓練其人員操作武器及戰術運用。

康維爾F-102

擁有三角翼的 F-102A，一般通稱「惡運」（Deuce），而非本名。它在蘇聯轟炸機隨時可能攜帶核彈攻擊的時期，保衛美國的天空，因此在歷史上贏得一席之地。

在 1950 年 1 月，美國當局舉行一場設計競賽，目的是要為空軍打造出一款全新的先進全天候攔截機，而附帶條款是贏家要能在 1954 年時讓飛機得以飛行，並應該遵循「武器系統」的概念。

這代表新飛機要圍繞射控系統去設計，而不是製造出一架飛機，再裝上射控系統。美國空軍的航空資材司令部（Air Material Command）破天荒地邀請 50 家公司競標這款攔截機的合約。最後共有 18 家提交設計方案，這些方案不論是構型還是成本之間的變化都天差地遠。

1950 年 5 月，六家飛機製造商被列入最後的決選名單。同一時間，休斯擊敗競爭對手北美航空，贏得發展射控系統的合約──也就是 MX-1179。

最後到了 1951 年 7 月 2 日，當局宣布共和、洛克希德和康維爾（Convair）都會各自收到研發合約，讓它們的設計能夠進入全尺寸模型階段，不過洛克希德此時決定不再參與這項標案，因此只剩下康維爾與共和的設計進入全尺寸模型建造階段。之後康

康維爾F-102A-45-CO三角劍式 ▽

康維爾 F-102A-45-CO，55-3380，FC-380，第 327 戰鬥攔截機中隊，1958 年。1956 年 4 月，F-102 正式進入美國空軍服役，配發給駐防在喬治空軍基地的第 327 戰鬥攔截機中隊。圖中這架飛機為 1958 年時該中隊隊長的座機。

三角劍式

維爾被評為優勝者，其充滿未來感外觀的純三角翼設計因此獲得 XF-102 這個編號。

此時，情況顯示由普惠公司 J57 引擎推動的 XF-102，將會是一款過渡性質的攔截機，而另一款稍晚推出的機型，將用 J67 引擎作為動力來源——英國製布里斯托（Bristol）奧林帕斯（Olympus）的衍生版本——才會是終極的攔截機，編號為 F-102B。

在這段期間，休斯正忙於應付 MX-1179 的各種問題，結果發現這架過渡性質攔截機也得安裝一款過渡性質的射控系統，稱為 E-9。

完成的 YF-102 原型機在 1953 年 10 月 23 日首飛。康維爾已經決定要以 1946 ▶

康維爾F-102A-75-CO三角劍式 ▽

康維爾 F-102A-75-CO，56-1333，FC-333，華盛頓州麥科德（McChord）空軍基地第 318 戰鬥攔截機中隊，1958 年。三角劍式是第 318 戰鬥攔截機中隊操作的第一款超音速戰鬥機，操作時間為 1957 年到 1960 年。在接收這款新戰機後，該單位也採用新標誌，稱為「馬赫波」（Mach wave），並把這個標誌漆在垂直尾翼上。

康維爾F-102三角劍式

年的 XP-92 計畫延續而來的 XF-92A 為基礎進行開發。這種不常見的箭頭形設計是以第二次大戰期間從德國擄獲的空氣動力研究資料為基礎，並諮詢過無尾翼和三角翼設計先驅李皮許（Alexander Lippisch）——他是梅塞施密特 Me 163 火箭動力攔截機的設計師。

當時相關人員認為，使用現有的研究結果和空氣動力資料給先進的 YF-102 使用，肯定萬無一失，但不幸的是這架飛機的性能表現令人失望透頂。它共完成六趟飛行，接著在 1953 年 11 月 2 日的第七趟飛行時，因為引擎在起飛時熄火，最後變成一團殘骸，事後發現這起意外是燃料系統故障所導致。

第二架 YF-102 在 1954 年 1 月 11 日首度飛行，只確認了飛機在建造前進行的風洞測試有瑕疵，若要進行超音速飛行會非常吃力，因此只在 1 月 27 日的一次俯衝飛行期間設法達到 1.06 馬赫。之後還生產了另外八架 YF-102，全都同樣表現不佳。1954 年 5 月，當局認定 E-9 射控系統效果不佳，因此指定使用改良的 E-10。

美國空軍在 1954 年 7 月有條件地訂購 20 架雙座型 TF-102A 教練機，而康維爾則對單座機的設計做了某些大幅更動，稱為 YF-102A，在 1954 年 12 月 20 日進行處女航。這架飛機的特色是重新配置的「黃蜂腰」機身，根據面積法則，比原本的長 2.1 公尺，並在 12 月 21 日的第二趟飛行中，以相對輕鬆的過程突破音障。YF-102A 也大幅改善駕駛艙座艙罩和排氣設備，此外引擎也換成新款的 J57-P-41。

飛行員發現 YF-102A 起飛所需的跑道較短，能夠在水平飛行中達到 1.2 馬赫，高空表現也比 YF-102 更優異。剛開始的性能測試持續到 1955 年 2 月，接著就進入第二階段。最後的測試方案總共包含四架 YF-102A。

康維爾公司所稱第一架批量生產的 F-102A 在 1955 年 6 月 24 日首飛，但即使「Y」字頭已經去掉，這架飛機還不能算 ▶

康維爾F-102A-41-CO三角劍式 ▲

康維爾 F-102A-41-CO，55-3379，南越峴港（Da Nang）空軍基地第 509 戰鬥攔截機中隊，1964 年。F-102 部署到越南，它們在戰區的其中一項任務，就是空對地攻擊。為了執行這類任務，這架飛機在機身的機腹艙門上吊掛火箭，不過這種作戰角色的改變稱不上非常成功。這架飛機漆著東南亞色系的塗裝。

康維爾F-102A-90-CO三角劍式 ◢

康維爾 F-102A-90-CO，57-0825，FC-825，加州喬治空軍基地第 329 戰鬥攔截機中隊，1959 年。第 329 戰鬥攔截機中隊在 1958 年接收第一架 F-102，使用這款機型達兩年之久，之後由 F-106 三角鏢式取代。它的機腹彈艙可掛載 AIM-4 隼式空對空飛彈，在本圖中可以看到機腹彈艙門開啟的樣子。

◢ 康維爾F-102A-75-CO三角劍式

康維爾 F-102A-75-CO，56-1418，冰島克夫拉威克空軍基地第 57 戰鬥攔截機中隊，1972 年。第 57 戰鬥攔截機中隊承擔了冰島的防空工作，歷經數十寒暑，從 1954 年直到 1995 年才解除警戒。該單位在 1962 年到 1973 年間操作 F-102 戰鬥機。

◣ 康維爾F-102A-41-CO三角劍式

康維爾 F-102A-41-CO，55-3377，FC-377，日本那霸（Naha）空軍基地第 16 戰鬥攔截機中隊，1960 年。第 16 戰鬥攔截機中隊操作 F-102 達 12 年之久，以日本為基地，並且在這段期間內曾部署到幾個地方，像是挪威、土耳其和南韓等等。

康維爾F-102三角劍式

康維爾TF-102A-38-CO三角劍式 ▲

康維爾 TF-102A-38-CO，56-2317，佛羅里達州廷德爾空軍基地防空武器中心，1968 年。該中心使用三角劍式來為 F-102 機組員進行導入和武器訓練。

是功能齊備的「武器系統」。它在 1.2 馬赫以上的速度飛行時會有頸振的毛病，廣泛的測試結果導致這架飛機的進氣口變更設計；在解決這些問題後，這架飛機在 1956 年 1 月達到 1.5 馬赫的速度。

第 23 架 F-102A 出於實驗目的，裝上更大的 3.5 公尺直尾翼。原本為 2.6 公尺，和 XF-92A 的非常相像。在進行一連串測試後，這項改變成為生產型設計的一部分。

經過多年耗費鉅資的研發後，F-102A 終於在兩年後的 1956 年 4 月正式投入使用，配發給第 327 戰鬥攔截機中隊。

雖然 F-102A 的主要職責是防止美國本土遭到空中攻擊，但這款飛機還是有少數部署到海外。到了 1959 年中，已經有兩個中隊部署在西德，之後還逐漸增加到六個。在越南集結兵力期間，太平洋空軍有五個戰鬥機中隊裝備了 F-102A，而在「玻璃杯行動」（Operation Water Glass）時，第 509 戰鬥攔截機中隊的四架 F-102A 自 1962 年 3 月 21 日起就駐守在西貢附近的新山一空軍基地。

F-102A 的任務是攔截從北方侵入、在樹梢高度以慢速飛過的小型不明飛行器。它們其實相當不擅長這類任務，因為原本的設計目的是要在高空應付蘇聯的轟炸機。這些飛機後來換成 TF-102，因為當局認為要是兩名機組員中的一位專門擔任雷達操作員的話，將能提高成功攔截的機率。

這個模式持續到 1963 年 5 月，接著又在 1963 年 11 月時以「糖果機行動」（Operation Candy Machine）這個新名稱恢復。當美軍加強干預越南戰事時，F-102A 開始肩負為美軍基地提供空防的任務，需要使用火箭進行對地攻擊，還得護航轟炸機，不過這款戰機沒能擊落任何一架敵機。美軍在越南共損失 15 架 F-102A，當中七架是因意外或機械故障損失，三架被地面砲火擊落，四架在地面上遭越共迫擊砲攻

康維爾TF-102A-35-CO三角劍式 ▶

康維爾 TF-102A-35-CO，55-4045，TC-045，西班牙沙拉哥薩（Zaragoza）空軍基地第 431 戰鬥攔截機中隊，1958-1964 年。第 431 戰鬥攔截機中隊裝備 F-102 時，正駐防在西班牙，並劃歸美國駐歐空軍轄下第 86 空軍師指揮。TF-102 是轉換機型，該作戰中隊手上已經有好幾架可用。

F-102A的任務是攔截從北方侵入、在樹梢高度以慢速飛過的小型不明飛行器

F-102A的任務是攔截從北方侵入、在樹梢高度以慢速飛過的小型不明飛行器

擊炸毀，另外還有一架則是遭一架米格-21發射 AA-2 環礁（Atoll）飛彈擊落。

F-102A 繼續在美國空軍和空中國民兵單位服役，直到 1970 年代。自 1973 年起，數百架尚留存的 F-102A 經過改裝，成為無人靶機，編號為 QF-102A，供 F-4、F-106 和 F-15 擊落用，有些甚至讓美國陸軍用來測試愛國者（Patriot）飛彈。

一小批 F-102A 和 TF-102A 出口到土耳其和希臘，它們在這兩國都服役到 1979 年。這款戰機在美國服役到 1976 年，最後一

架 QF-102A 在 1986 年被擊落。F-102A 共生產 889 架。●

康維爾F-102A-55-CO 三角劍式

康維爾 F-102A-55-CO，56-1032，FC-032，荷蘭蘇斯特伯格（Soesterberg）空軍基地第 32 戰鬥攔截機中隊，1964 年。第 32 戰鬥攔截機中隊隸屬美國駐歐空軍，在中隊隊徽上展示奧蘭治（Orange）王朝的皇冠和環狀物，以認可其對防衛荷蘭所做的貢獻。

康維爾F-102A-55-CO 三角劍式

康維爾 F-102A-55-CO，56-1009，FC-009，維吉尼亞州朗里空軍基地第 48 戰鬥攔截機中隊，1958 年。第 48 戰鬥攔截機中隊負責美國首都周邊地帶的空防，隸屬於防空司令部的華盛頓防空分區（Air Defense Sector）。

洛克希德F-104

機身修長纖細、機翼短的 F-104 在作為攔截機時，表現相當亮眼。此外它也扮演偵察、核彈轟炸機和對地攻擊等角色——然而也因為發生過多次令人避之唯恐不及的致命意外，而博得「寡婦製造機」的外號。

洛克希德的設計團隊在 1952 年 3 月展開之後稱為 F-104 戰鬥機的相關研發工作。美國空軍的 WS-303A 武器系統需求書指出，需要一款新式高速日間戰術戰鬥機，在水平飛行時要有超音速能力。洛克希德的詹森認定，若要達到頂尖表現，最好的辦法就是輕量化。

在研究多種不同的配置後，最後完工的基本輪廓在 1952 年 11 月確定。洛克希德的 L-246 方案也被稱為 83 型，在 1953 年初提交給美國空軍。這架飛機的長度相當短，機翼沒有後掠且相當薄，是以洛克希德研發 X-7 無人衝壓噴射測試載具得到的經驗，再加上廣泛的風洞測試為基礎而成。最有名的是 F-104 的機翼前緣厚度只有 0.04 公分，因此需要裝上保護蓋，以防止地勤人員被它所傷。

1956-1968

▼ 洛克希德F-104A-15-LO星式戰鬥機

洛克希德 F-104A-15-LO 星式戰鬥機，56-0788，FG-788，加州漢密爾頓（Hamilton）空軍基地第 83 戰鬥攔截機中隊，1958 年。1958 年時，第 83 戰鬥攔截機中隊成為美國空軍第一個由 F-104A 執行作戰勤務的單位。

星式戰鬥機

　　美國空軍在 1953 年 3 月訂購兩架 XF-104 的原型機，第一架在 1954 年 2 月 28 日升空短暫飛行，接著又在 3 月 4 日進行完整試飛。它與緊接在後的第二架原型機一樣，動力來源都是一款過渡性質的引擎──XJ65-W-6，也就是英國阿姆斯壯 - 西德利藍寶石噴射引擎的柯蒂斯 - 萊特版本。這款引擎可以產生 7200 磅（3265.9 公斤）的推力，開啟後燃器時則可提供 1 萬 200 磅（4626.6 公斤）的推力。

　　詹森做出減重的決定，獲得可觀的回報：儘管原型機動力相對不足，但速度還是有能力飛到 1.79 馬赫。

　　接著是連續 17 架預生產型 YF-104A 在 1956 年 2 月 17 日交機。這批飛機的動力來源就是 F-104 在設計時指定使用的引擎──通用電氣 J79-GE-3A 引擎，推力達

9600 磅（4354.5 公斤），開啟後燃器時則可提供 1 萬 4800 磅（6713.2 公斤）的推力。如此一來就需要更寬且更長的機身後段，但 YF-104A 也配置了較高的尾翼，向前摺收而非向後的鼻輪，新的脊椎和擁有中央進氣道錐體的可變式進氣道，還有內部翼縫（internal bleed slot）。

　　在結合這些特點之後，F-104 能夠在水平飛行時達到 2 馬赫的速度，成為第一款具備此性能的批量生產型戰鬥機。1955 年 4 月 27 日，一架 YF-104A 首度達到 2 馬赫的速度，美國空軍隨即訂購 146 架 F-104A。A 型機在機身後段的下方加新的垂直導流片，此外還添加空中加油設備。

　　1956 年 10 月，訂單數量增加到 153 架，此外還加訂 18 架 RF-104A 偵察型、

56 架 F-104C 戰鬥轟炸機和 26 架 F-104B 雙座教練機。其中後者的第一架在 1957 年 2 月 7 日進行首飛，而這兩個型號的第一批都在 1958 年初進入美國空軍服役。1958 年 5 月 18 日，厄文（Walter W. Irwin）上尉駕駛 YF-104A，以每小時 2252.7 公里的速度打破飛行速度的世界紀錄。

　　不幸的是，早期的 J79 引擎可靠度低，共有 21 名飛行員在測試 F-104 的過程中失去性命。這架飛機配備罕見的洛克希德設計彈射椅，即使能將飛行員從機身下方彈射出去，但沒有辦法挽救他們。F-104A 服役短短幾個月之後，就因為當局關切各種機械問題和飛行途中操控性低的狀況而停飛。此外，它的後燃器無法分段調節，因此飛行員只能選擇不開後燃器用 1 馬赫速度飛行，▶

▼ 洛克希德F-104A-20-LO星式戰鬥機

洛克希德 F-104A-20-LO 星式戰鬥機，56-0824，FG-824，德州韋伯（Webb）空軍基地第 331 戰鬥攔截機中隊，1964 年。1958 年 9 月所謂的第二次臺灣海峽危機期間，第 331 戰鬥攔截機中隊的星式戰鬥機曾部署到臺灣。

洛克希德F-104C-5-LO星式戰鬥機 ▲

洛克希德 F-104C-5-LO 星式戰鬥機，56-0891，FG-891，綽號「真的喬治」（Really George），內華達州奈利斯空軍基地，1958 年第 479 戰術戰鬥機聯隊。這張圖片描繪 FG-891 號機出現在向第 479 戰術戰鬥機聯隊展示 F-104C 的時候，它無疑是在美國空軍服役的星式戰鬥機當中塗裝最鮮豔的。

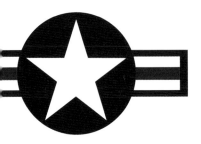

洛克希德F-104D-5-LO 星式戰鬥機 ▽

洛克希德 F-104D-5-LO 星式戰鬥機，57-1315，FG-315，加州愛德華空軍基地空軍飛行測試中心（Air Force Flight Test Center），1960 年。雙座的 D 型機共有 21 架交付給美國空軍。FG-315 號機配屬給空軍飛行測試中心，用來進行廣泛測試。

或是開後燃器用 2.2 馬赫速度飛行，沒有其他選擇。

RF-104A 的訂單在 1957 年取消，但 F-104C 的訂購作業繼續進行。C 型設置以傳統式彈射座椅作為標準配備，並設計成可以投擲戰術核武。此外當局又在 1957 年訂購 C 型的教練機版本 F-104D。

F-104C 自 1958 年 10 月起開始交機，不過因為當局對早期 F-104 的設計已經喪失信心，因此 F-104A 在 1959 年退出美國空軍的行列，並轉往空中國民兵單位服役。不過墜機事件依然頻傳，到了 1961 年 4 月，總計已經有 49 架 F-104 在意外中墜毀，而美國空軍訂購的 F-104 總數，包括原型機在內共有 294 架，當中包括 170 架 F-104A、26 架 F-104B、77 架 F-104C 和 21 架 F-104D。

1963 年，美國空軍從空中國民兵索回部分 F-104A，組成兩個中隊，並持續服役到 1969 年 12 月。F-104C 曾在越南作戰過，但這款戰機在 1968 年初完全淘汰。

雖然 F-104 作為美國空軍的戰鬥機不是格外成功，但還是在多個國家服役，像是比利時、加拿大——經過授權在當地生產的 CF-104 ——丹麥、西德、希臘、義大利——經過授權在當地生產的 F-104S ——日本、約旦、荷蘭、挪威、巴基斯坦、西班牙、臺灣與土耳其。

F-104 在擔任美國國家航空暨太空總署的測試平臺時，也交出了相當漂亮的成績單，1956 年到 1994 年之間共有 12 架在該機構服役。●

60891

▼ 洛克希德F-104C-10-LO星式戰鬥機

洛克希德 F-104C-10-LO 星式戰鬥機，57-0923，綽號「哈囉多莉」（*Hellooo Dolly*），泰國皇家
空軍烏隆（Udorn）基地第 479 戰術戰鬥機聯隊，1966 年。星式戰鬥機部署到越南戰場後，就改
成東南亞迷彩塗裝。

USAF
0-70923

60923

FG-923

U.S. AIR FORCE

洛克希德F-104C-5-LO星式戰鬥機 ▲

洛克希德 F-104C-5-LO 星式戰鬥機，56-0923，FG-923，加州喬治空軍基地第 436
戰術戰鬥機中隊，1960 年。FG-923 號機是中隊長座機，機腹裝有可掛載兩枚響尾蛇
飛彈的發射導軌。

71315

FG-315

共和F-105
雷公式

當 F-105 雷公式（Thunderchief）──或是更常見的「重擊」（Thud）──開始服役時，它是體積最龐大的單引擎戰鬥機，在越南叢林上方的低空呼嘯而過。

在相對成功的 F-84 家族之後，共和公司趁勝追擊，投入自有資金，繼續研發後繼機種──一款能夠掛載核彈，且速度可達 1.5 馬赫的戰鬥轟炸機。

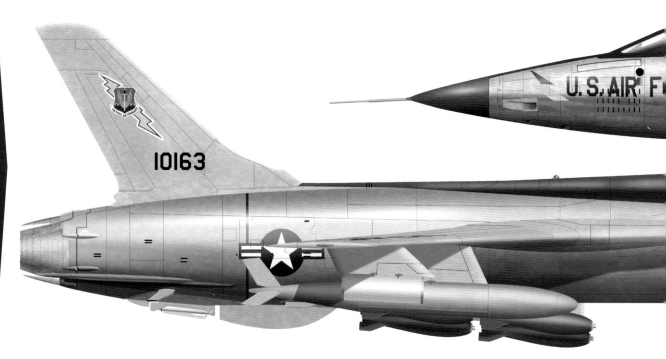

▼ 共和F-105B-15-RE雷公式

共和 F-105B-15-RE 雷公式，57-5792，北卡羅來納州西摩詹森空軍基地第 4 戰術戰鬥機聯隊第 335 戰術戰鬥機中隊，1959 年。F-105B 在 1958 年 8 月進入美國空軍的戰術空軍司令部服役，但第一個中隊一直要到 1959 年才擁有全戰備能力。

該公司稱呼它的新設計方案為先進計畫 63 型戰鬥轟炸機實驗型（Advanced Project 63 Fighter Bomber Experimental），簡稱「AP-63FBX」。

在與美國空軍協商之後，共和公司在 1952 年 4 月提出正式企劃案。一個月之內，空軍當局正式給予書面許可，批准繼續進行，並在 9 月簽訂採購 199 架飛機的合約。不過六個月之後，這個數字被大幅砍到只採購 37 架原本的戰鬥轟炸機與 9 架偵察機。

AP-63FBX 將會配備四挺口徑 15.2 公釐的 T-130 機槍，動力來源為一具艾里遜 J71 渦輪噴射引擎，並配備一套 MA-8 射控系統，當中包括 AN/APG-31 雷達、K-19 瞄準器、飛行電腦和 T-145 炸彈投放系統。

1953 年 10 月，該機的實體模型接受檢驗，並獲得官方許可，之後獲得 F-105A 的編號，但令共和公司感到害怕的是，整個合約在 1953 年 12 月取消。在經過該公司強烈抗議——他們拒絕放棄這項設計，並在沒有合約的狀況下繼續研發——之後當局在 1954 年 2 月又重新簽訂了一份更加縮水的合約，只採購 15 架原型機。不過此時 F-105 的形狀大部分已經做過最後確認，它配備的四挺 15.2 公釐口徑機槍也已經被一門通用電氣 20 公釐口徑 T-171D 旋轉機砲取代。

研發工作繼續進行，但過了七個月不辭辛勞的努力之後，共和公司再度受到打擊，當局需求的飛機數目再次削減——在 1954 年 9 月時只剩 3 架。不過在 10 月時又變成 6 架，之後在 1955 年 2 月時又變成 15 架。 ▶

▼ 共和F-105D-15-RE雷公式

共和 F-105D-15-RE 雷公式，61-0093，西德施潘達勒姆（Spangdahlem）空軍基地第 9 戰術戰鬥機中隊。1963 年。F-105D 在 1960 年 9 月進入第 335 戰術戰鬥機中隊服役，並在 1961 年初達到全戰備狀態。在西德作業的單位（第 36 和第 49 戰術戰鬥機聯隊）在北約架構下扮演主要的戰術核武攻擊角色。F-105 能夠在武器艙中攜帶一枚核彈，而圖中這架飛機以半內縮位置攜帶一枚 B43 核彈。

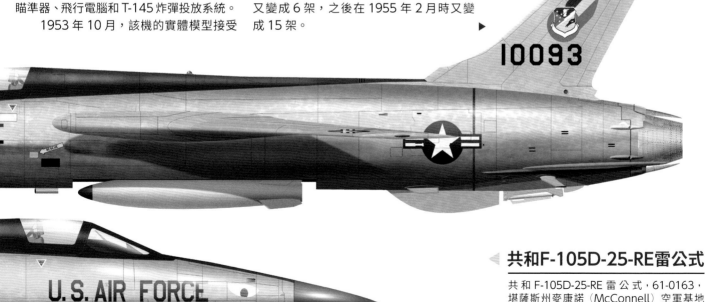

◀ 共和F-105D-25-RE雷公式

共和 F-105D-25-RE 雷公式，61-0163，堪薩斯州麥康諾（McConnell）空軍基地第 562 戰術戰鬥機中隊，1965 年。第 562 戰術戰鬥機中隊在 1965 年部署到泰國皇家空軍泰赫利（Takhli）基地。

共和F-105雷公式

共和F-105D-20-RE雷公式 ▽

共和 F-105D-20-RE 雷公式，61-0139，泰國皇家空軍泰赫利基地第 334 戰術戰鬥機中隊，
1966 年。由於敵軍戰鬥機活動日益猖獗，F-105 在越南上空作戰時，會掛載 AIM-9 響尾
蛇飛彈自衛。

　　當局對 F-105 的興趣隨著時間起伏不定，很大一部分要歸因於那個時代技術革新的腳步非常快速，共和公司原本的提案缺乏一些美國空軍隨即明白不能沒有的特點。因此在 1954 年 12 月時，該公司奉命對 F-105 做出三個非常具體的更動。首先，這架飛機要能在空中加油；第二，它需要妥善運用先進的射控系統；第三，原本估計出的 F-105 表現欠佳，美國空軍要求在速度上做出重大提升。

　　可惜的是，J71 引擎永遠沒有辦法增加所需要的速度，因此在 1955 年 4 月時被換成普惠公司的 J75-P-3——它的推力在開啟後燃器後可以達到 2 萬 3500 磅（1 萬 659.4 公斤），比 J71 多出了 8000 磅（3628.7 公斤）。不過 J75 的研發進度有所延誤，代表最初的兩架 YF-105A 原型機，暫時先安裝 J57 引擎。

　　第一架原型機在 1955 年 10 月 22 日開始飛行測試，並在同一天突破音障，但顯然 YF-105A 依然缺乏性能表現，且出現

共和F-105D-31-RE雷公式 ▽

共和 F-105D-31-RE 雷公式，62-4367，泰國皇家空軍泰赫利基地第 354 戰術戰鬥機中隊，
1968 年。雷公式可以配備多款空對地武器，當中包括某些飛彈。它曾在越戰中使用 AGM-
12 犢牛犬（Bullpup）飛彈，但戰果好壞不一。

共和F-105D-31-RE雷公式

共和 F-105D-31-RE 雷公式，62-4386，堪薩斯州麥康諾空軍基地第 23 戰術戰鬥機聯隊第 563 戰術戰鬥機中隊，1965 年。第 563 戰術戰鬥機中隊在 1965 年部署到泰國皇家空軍泰赫利基地。

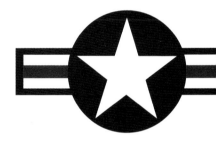

共和F-105D-31-RE雷公式

共和 F-105D-31-RE 雷公式，62-4284，第 355 戰術戰鬥機聯隊第 354 戰術戰鬥機中隊，1967 年。62-4284 號機的機身上有擊落三架米格機的標誌，代表布雷斯特（Max C. Brestel）上尉在 1967 年 3 月 10 日的雙殺，以及巴索（Gene I. Basel）上尉在 1967 年 10 月 27 日擊落一架，擊落的這三架都是米格 -17。

多種機械問題。第二架原型機在 1956 年 1 月 28 日首度升空，但就和它的兄弟一樣為相同的問題所苦。第一架 YF-105A 在 3 月時墜毀，不久之後第二架也毀於迫降。

第三架原型機在 1956 年 5 月 26 日首飛。它實際上跟前兩架不一樣，終於有了指定的 J75 引擎、新的融合可調節進氣道的前掠式進氣口，還有也許稱得上是最重大改變的，原本平板式的兩側機身根據面積法則，添加了有弧度的區域。

這款新的 F-105 稱為 F-105B，儘管付出了機尾顫振加大的代價──這個問題之後透過加大尾翼面積而解決，但現在有能力達到 2 馬赫了。F-105B 也在噴嘴四周安裝 ▶

共和F-105D-5-RE雷公式 ▲

共和 F-105D-5-RE 雷公式，59-1729，泰國皇家空軍泰赫利基地第 355 戰術戰鬥機聯隊第 333 戰術戰鬥機中隊，1969 年。這架飛機漆著「後備」迷彩塗裝，並在機翼外側派龍架掛載 AN/ALQ-71 電子反制（ECM）英艙。

了四瓣式減速板，而最早期 F-105 機體上可以見到駕駛艙座艙罩後方有扇小窗，現在也被取消了。

F-105B 在第一次試飛時因為起落架無法放下，只得選擇迫降，不過造成的損害並不嚴重，因此這架飛機在六個星期之後，就恢復備便飛行的狀態。計畫中的偵察機 RF-105B 在 1956 年 7 月取消，編號為 F-105C 的雙座機型則在 1957 年實體模型準備好接受檢查時取消。

生產型的 F-105B——和在它之前的四架原型機體共用相同的編號——在 1958 年 8 月被美國空軍接受，進入第 335 戰術戰鬥機中隊服役。

不過共和公司繼續精進 F-105 的設計，1958 年時提交給美國空軍一個大幅改良的版本，配備更加先進的射控系統、推力更強勁的引擎和以早期的 F-105 的經驗為基礎改善非常多的儀器顯示。它還配備了性能卓越的通用電氣 M61A1 火神式（Vulcan）旋轉機砲。空軍當局對這份新的提案刮目相看，立即下訂 1500 架，日後編號為 F-105D。而雙座版的 F-105E 也已有規畫，但在 1959 年 3 月 18 日遭到取消。

第一架 F-105D 在 1959 年 5 月時完成，並在 1959 年 6 月 9 日首飛。一切都非常順利，F-105D 在 1960 年 5 月加入美國空軍服役，同樣是第 335 中隊。只是共和公司又倒楣了，美國國防部長麥納馬拉（Robert McNamara）決定，全新的 F-4 幽靈二式（Phantom II）全方位表現更佳，

這代表雷公式只需要 750 架——因此生產訂單也跟著削減。

然而，當有愈來愈多單位裝備 F-105D 時，雙座教練機機型就顯得有需要了。F-105 可不是能夠輕鬆駕馭的機種，從 T-33 一下子跳到 F-105D 的話，這中間的差異實在太大，因此共和公司收到 F-105F 的訂單。它基本上就是一架機身前段拉長的 F-105D，可以容納第二名飛行員；坐在後座的飛行員會有一組控制裝置，幾乎是和前座控制裝置一模一樣的複製品，這也就是說不論是哪一位飛行員，都可以操作機上所有

的系統。

第一架 F-105 在 1963 年 5 月 23 日由共和公司的生產線產出，並在 6 月 11 日進行首飛，之後在 12 月 7 日開始交機——剛好及時趕上。越南北部的東京灣事件（Gulf of Tonkin incident）之後，第一批在 1964 年部署到越南的美國空軍部隊就包括配備 F-105 戰鬥機的單位，但這款飛機在剛開始時卻因為東南亞高溫潮濕的氣候而狀況百出。於是，在機身後段加上小型進氣口，以便把冷空氣吸進後燃器，如此一來就可以防止熱量累積過多。此外人們也發現 ▶

共和F-105F-1-RE雷公式 ▶

共和 F-105F-1-RE 雷公式，63-8321，泰國皇家空軍泰赫利基地第 355 戰術戰鬥機聯隊第 357 戰術戰鬥機中隊，1969 年。有些 F-105F 經過改裝成為專用的野鼬機，能夠發射 AGM-45 伯勞反輻射飛彈攻擊地對空飛彈陣地，和初期使用無導引炸彈和火箭的手段相比是一大進步。

▼ 共和F-105D-10-RE 雷公式

共和 F-105D-10-RE 雷公式，60-0471，德州卡斯韋爾（Carswell）空軍基地空軍預備部隊第 457 戰術戰鬥機中隊，1972 年。為了提升導航和精準標定的表現，幾架 F-105D 經過改裝，擁有較大的背脊，以容納升級的航電設備。這些經過改裝的飛機稱為雷霆棒（Thunderstick）。

共和F-105F-1-RE雷公式 ▼

共和 F-105F-1-RE 雷公式，63-8280，日本橫田（Yokota）空軍基地第 8 戰術戰鬥機聯隊第 35 戰術戰鬥機中隊，1964 年。雙座的 F-105F 依然保有單座機型的戰鬥能力。

共和F-105雷公式

F-105 的液壓系統非常容易受到戰損破壞，因此導入了非常多改善方案來提高存活率，當中包括冗餘的第三套液壓系統。

隨著衝突越演越烈，美軍發現需要一款能夠對付北越地對空飛彈系統威脅的「野鼬機」。剛開始時選中的是 F-100F，但事實證明 F-105F 更適合這項工作，而第一架接受改裝的機體在空軍內稱為 EF-105F，於 1966 年 1 月 16 日做好準備。它加裝了雷達歸向（radar homing）系統和警示電子設備，可用來偵測並識別海對空飛彈和高射砲陣地，還可攜帶各式各樣令人望而生畏的武裝，像是空投式核彈、火箭莢艙、凝固汽油彈（napalm 又譯燃燒彈）和 AGM-45 伯勞（Shrike）反輻射飛彈等等，以便把海對空飛彈和高射砲陣地一掃而空。

「野鼬」是一項高危險的任務，其作業模式是由 EF-105 飛在攻擊機群的前方，等於是讓自己成為任何敵軍地面防空火力的目標，一旦任何敵軍雷達系統開啟，EF-105 就要想辦法在自己被擊落之前，先把敵方的雷達摧毀。

另一款越戰的產物是 F-105G，是從 61 架現有的 F-105F 機體修改而來。每一架飛機都裝上了地對空飛彈搜索、利用及迴避系統（Search, Exploit and Evade Surface to Air Missile Systems system，SEESAMS），能夠改善 EF-105 上的雷達偵測能力，並內建電子反制裝備。第一批 G 型機在 1970 年下半年投入戰場。

到了此時，F-105 活躍的日子已經屈指可數了。這型戰機只生產了 833 架，且在戰爭中損失高達 395 架——其中 296 架 F-105D 和 38 架 F-105F/G 是被敵軍以各種手段摧毀，另外 61 架則是各機型因為意外或機械故障而損失。

到了 1974 年，F-105 系列戰機當中仍在現役的，只剩下 EF-105F 和 F-105G，不過有一些 F-105D 仍由空軍預備部隊（Air Force Reserve）操作。而 F-105 的最後一趟正式飛行在 1984 年 2 月 25 日進行。

儘管 F-105 在生命週期中，時常面對軍方要求變動和各種政治決策的威脅，但它還是經過一番努力投入服役，並在熾烈的戰火中發光發熱——讓其飛行員感到敬佩，並讓敵軍感到畏懼。●

共和F-105G-1-RE雷公式 ▽

共和 F-105G-1-RE 雷公式，63-8275，第 388 戰術戰鬥機聯隊第 17 戰術戰鬥機中隊野鼬三號，1972 年。G 型是雷公式進一步發展成專用野鼬平臺的機型，無論是航電設備和武器都有改良，包括 AGM-78 標準（Standard）反輻射飛彈和 AGM-45 伯勞飛彈。

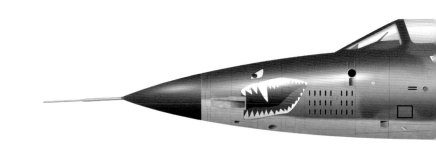

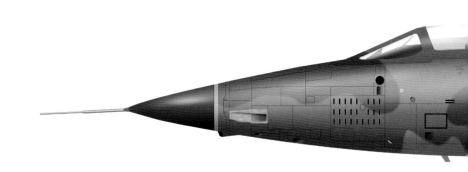

共和F-105F-1-RE雷公式 ▽

共和 F-105F-1-RE 雷公式，62-4444，泰國皇家空軍泰赫利基地第 355 戰術戰鬥機聯隊第 357 戰術戰鬥機中隊，1969 年。有些 F-105F 的機體曾經歷過「戰鬥馬丁」（Combat Martin）計畫的改裝，在後座區域加裝了通訊干擾系統。這種改裝的目的是要干擾北越空軍飛行員和地面管制單位之間的通聯。經過這種改裝的飛機可以很容易就從外觀上辨認出來，因為背脊會裝上一組大型天線，就在後駕駛艙的後面。

共和F-105D-31-RE雷公式 ▽

共和 F-105D-31-RE 雷公式，62-299，美國空軍預備部隊第 419 戰術戰鬥機聯隊第 466 戰術戰鬥機中隊，1983 年。最後幾個操作雷公式的單位隸屬於空軍預備部隊。這款戰機最後在 1983 到 1984 年間退役。第 466 戰術戰鬥機中隊的飛機會漆上幾種不常見的纏繞式迷彩圖樣。

康維爾F-106

F-102 原本是設計作爲美國空軍在 1954 年時的攔截機，但卻晚了兩年，離「終極」攔截機的期望還差了一截。這個稱號最後給了 F-106，它原本是以 F-102B 這個編號展開生涯。

此 F-102B 就是 F-102A 安裝動力更充沛的 J75 引擎來取代 J57，因此它能夠應付下一代的蘇聯轟炸機，像是 1954 年勞動節紅場大閱兵時吸引到美國注意力的米亞西舍夫（Myasishchev）M-4 野牛式（Bison）轟炸機。

美國空軍在剛開始時曾猶豫是否要訂購 F-102B，康維爾因此花了一番功夫，打算把它賣給美國海軍作為艦載高空攔截機。海軍版的引擎使用 J67 或 J75，武裝則為四

康維爾F-106A-85-CO三角鏢式

康維爾 F-106A-85-CO 三角鏢式，57-2478，華盛頓州蓋格機場第
498 戰鬥攔截機中隊，1959 年。三角鏢式獲美國空軍採用，進入第
498 戰鬥攔截機中隊執行作戰勤務，也就是知名的蓋格之虎中隊。

三角鏢式

枚 AIM-7A 麻雀（Sparrow）飛彈或六枚
AIM-9 響尾蛇飛彈（不過當時這些飛彈還
沒有以後才有的編號）。

　　這款戰機也配備了強化的機翼和起落
架、一組小尾鈎和可折疊翼尖，美國海軍
雖拒絕了這項提案，然而美國空軍決定打
算擁有自己的 F-102B。1955 年 11 月，
康維爾獲得生產 17 架的合約，之後又在
1956 年 4 月 18 日收到批量生產的訂單。
過了將近一個月，這架飛機得到一個新編號

F-106A，以便與原本的機型做出區別。當
局在 1956 年 8 月 3 日訂購雙座機型，也
就是 TF-106A，到了當月月底，它也得到
了一個新編號 F-106B。

　　F-106 的機翼源自於 F-102A，但機身
卻大大不同，整體外型更加流線，引擎的進
氣口——在 F-102 上是位於駕駛艙的兩側
——現在變得更靠近引擎。駕駛艙移到更接
近機鼻尖端的地方，但飛行員坐的位置離擋
風玻璃有一段距離。有些早期的 F-106 在

尾翼內擁有額外的油箱，但這個設計之後取
消，是因為如果沒有正確操作的話，就會使
飛機的重心偏移。

　　F-106A 配備原本設計給 F-102A 的
MX-1179 射控系統，它將負責管理這架戰
機預定的武裝，也就是道格拉斯 MB-1 精
靈式火箭彈和 AIM-4 隼式飛彈，可直接掛
載於機腹下方的武器艙內。MX-1179 之後
更名為 MA-1，並在 1956 年 12 月開始進
行原型系統的測試。MA-1 內含自動駕駛、▶

康維爾F-106A三角鏢式

康維爾 F-106A 三角鏢式，56-0467，FE-467，加州愛德華
空軍基地空軍飛行測試中心，1959 年。1959 年 12 月 15 日，
羅傑斯少校就是駕駛這架飛機達到每小時 2455.8 公里的速
度，刷新世界飛行速度紀錄。

康維爾F-106A-105-CO三角鏢式 ▽

康維爾 F-106A-105-CO 三角鏢式，59-0005，北達科塔州邁諾特（Minot）空軍基地第 5 戰鬥攔截機中隊，1961 年。三角鏢式所擁有過最強大的武器，就是核彈頭的 AIR-2 精靈式空對空火箭，可掛載於武器艙內——本圖顯示它已經半露出，準備好隨時發射。

導航系統、雷達和電腦，搭配在一起運作，且它能夠在飛行過程中，透過地面站臺的信號進行預先編程和更新。

也是在 12 月的時候，康維爾正狂熱地盡一切全力排除萬難，要把根本沒有任何射控系統的 F-106A 送上天。這架飛機必須在 1956 年底試飛，才能滿足合約所需。

這架飛機的地面測試在 12 月 22 日展開，並在 12 月 26 日首度升空，但測試僅進行了 20 分鐘，就因為空氣渦輪馬達頻率不穩和減速板卡住而結束；第二架原型機在 1957 年 2 月 26 日也跟著投入飛行測試科目。測試分成六個階段，當中第一階段就只是評估基本適航性。

第二階段則是評估性能表現、穩定性和操控性，在 1957 年 5 月 22 日到 6 月 29 日進行。測試結果導致這架飛機的進氣道需要進行小幅修改，彈射椅則進行大幅更動，此外也顯示它跟先前的 F-102 一樣，和康維爾宣稱的相比，顯然有不小的落差——它的水平飛行最高速度只有 1.8 馬赫，▶

康維爾F-106A-75-CO三角鏢式 ▽

康維爾 F-106A-75-CO 三角鏢式，57-2465，佛羅里達州廷德爾空軍基地第 2 戰鬥攔截機中隊，1973 年。第 2 戰鬥攔截機中隊操作 F-106 只有兩年的時間，就改編為第 2 戰鬥攔截機訓練中隊，於 1982 年進行美國空軍的最後一趟 F-106 訓練飛行。

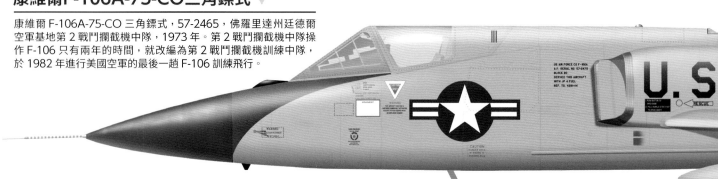

康維爾F-106A-105-CO三角鏢式

康維爾 F-106A-105-CO 三角鏢式，59-0051，密西根州索耶（K.I. Sawyer）空軍基地第 87 戰鬥攔截機中隊，1976 年。F-106 可以在機身內攜帶四枚 AIM-4 隼式飛彈，包括半主動雷達導引（SARH）的 AIM-4F 和紅外線導引的 AIM-4G 組合。

康維爾F-106A-80-CO三角鏢式

康維爾 F-106A-80-CO 三角鏢式，57-2473，安德魯斯空軍基地第 95 戰鬥攔截機中隊，1970 年。第 95 戰鬥攔截機中隊原本駐防安德魯斯空軍基地，在幾起跟北韓部隊有關的事件後，和其他中隊一起部署到南韓。它在 1969 年下半年到 1970 年中駐防在烏山空軍基地。

康維爾F-106三角鏢式

而不是應該要有的 2 馬赫。試飛員還強烈批評了駕駛艙布局。

正當 F-106A 冗長的測試正在進行的時候,第一架 F-106B 在 1958 年 4 月 9 日進行首度試飛。原本各方認為,F-106B 因為把機身拉長,以便在第一位飛行員的駕駛艙後方容納第二人的駕駛艙,速度會比 F-106A 更慢,但測試結果顯示它的表現幾乎和單座機一樣好。測試也突顯出這架飛機的彈射和燃料系統有問題,結果證明它們很難徹底修復。

美國空軍第一個配備 F-106 的單位,

是在 1959 年 5 月 30 日接收的第 539 戰鬥攔截機中隊,第二個則是在 6 月 1 日接收的第 498 戰鬥攔截機中隊。1959 年 10 月 31 日,俄國試飛員莫索洛夫(Georgi Mosolov)上校駕駛米格 -21,創下每小時 2388.3 公里的飛行速度世界紀錄;美國空軍不甘示弱接下挑戰,羅傑斯(Joe W, Rogers)少校在 1959 年 12 月 15 日駕駛一架 F-106A,創下每小時 2455.8 公里、即 2.36 馬赫的紀錄,為美國扳回一城。

這架飛機卓越的射控系統在 1960 年 3 月 30 日充分地展現其能力。當時一架

F-106A 只依靠機上的 MA-1,花了將近四個小時,從加州的愛德華空軍基地飛到佛羅里達州的傑克孫維(Jacksonville)。機上的試飛員福西斯(Frank Forsyth)少校只負責起飛和降落,這兩個階段是這趟飛行途中 MA-1 唯二沒有辦法應付的。

至於戰鬥方面,MA-1 有兩種程式化的攻擊模式——導引碰撞,內容是正面攻擊目標,而自動追擊則是 MA-1 的自動駕駛會從目標的後方接戰。射控系統在自動駕駛協調雷達和導航系統處理機動動作的時候,會進行攻擊,飛行員所需要做的,就是選擇合

康維爾F-106A-120-CO三角鏢式 ▲

康維爾 F-106A-120-CO 三角鏢式,59-0077,紐約州格里菲斯空軍基地第 49 戰鬥攔截機中隊,1975 年。1972 年時,根據六管槍計畫(Project Six Shooter),F-106 獲得可選擇掛載裝有 20 公釐口徑 M61 火神式機砲的機砲莢艙的能力。

康維爾F-106A-105-CO三角鏢式 ▶

康維爾 F-106A-105-CO 三角鏢式,59-0020,加州城堡(Castle)空軍基地第 84 戰鬥攔截機中隊,1976 年。第 84 戰鬥攔截機中隊在 1968 年到 1981 年間,操作三角鏢式戰鬥機。

適的武器並扣下扳機。當所有正確條件都滿足的話，射控系統就會發射飛彈。

不幸的是，早期的 MA-1 時常故障失靈，可靠度和效益大打折扣。不過這類儘管簡單但極度先進的系統存在，毫無疑問鼓勵當時的人們開始相信，載人戰機可能來日無多，未來的空戰將會依賴導向飛彈。有了這種想法之後，美國參議院決定削減第 340 架 F-106 之後的預算，並把經費挹注到波馬克（Bomarc）飛彈計畫。

所有的 F-106 戰機在 1961 年 9 月 26 日停飛，原因是它的燃料系統問題達到極 ▶

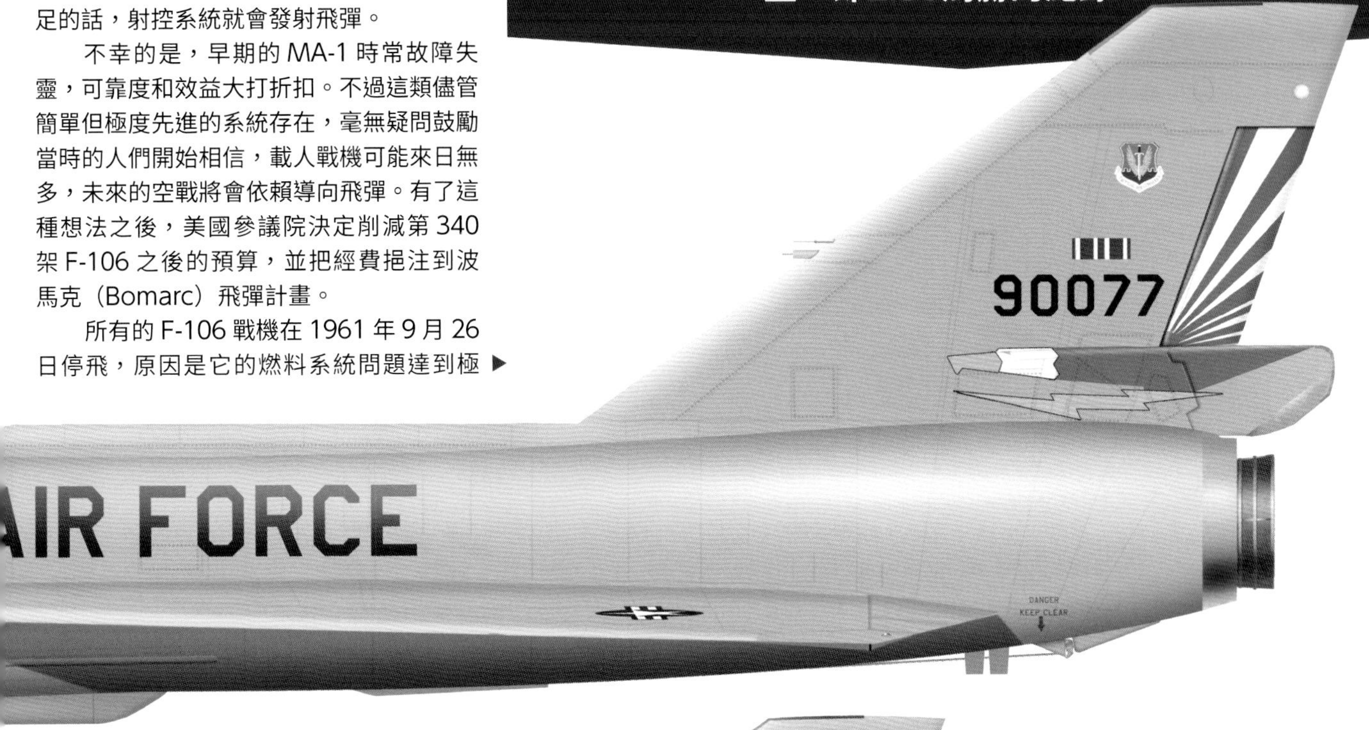

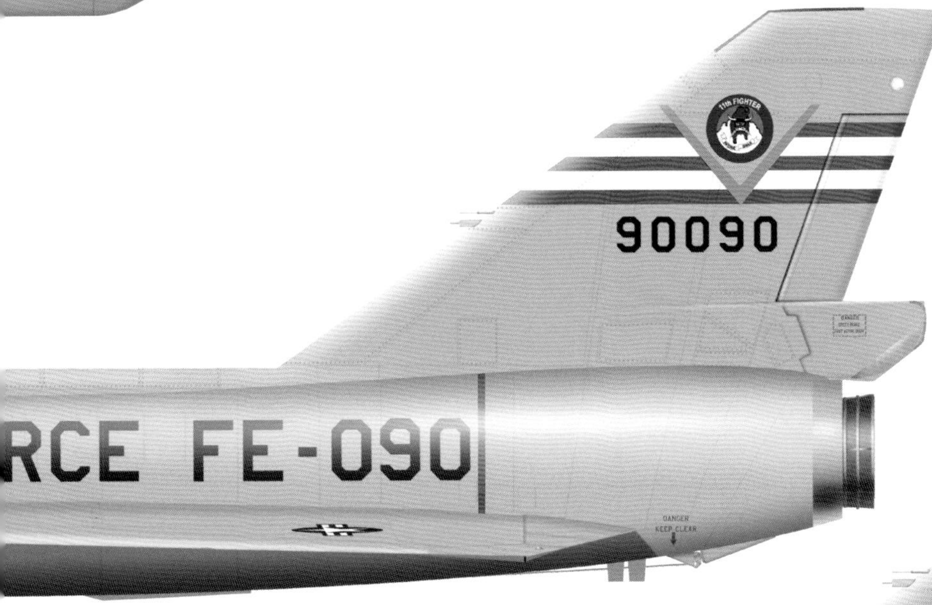

90077

AIR FORCE

康維爾F-106A-125-CO 三角鏢式

康維爾 F-106A-125-CO 三角鏢式，59-0090，明尼蘇達州杜魯斯（Duluth）國際機場第 11 戰鬥攔截機中隊，1965 年。第 11 戰鬥攔截機中隊在 1960 到 1968 年間操作三角鏢式戰機，並在當年解散，飛機轉移給第 87 戰鬥攔截機中隊。

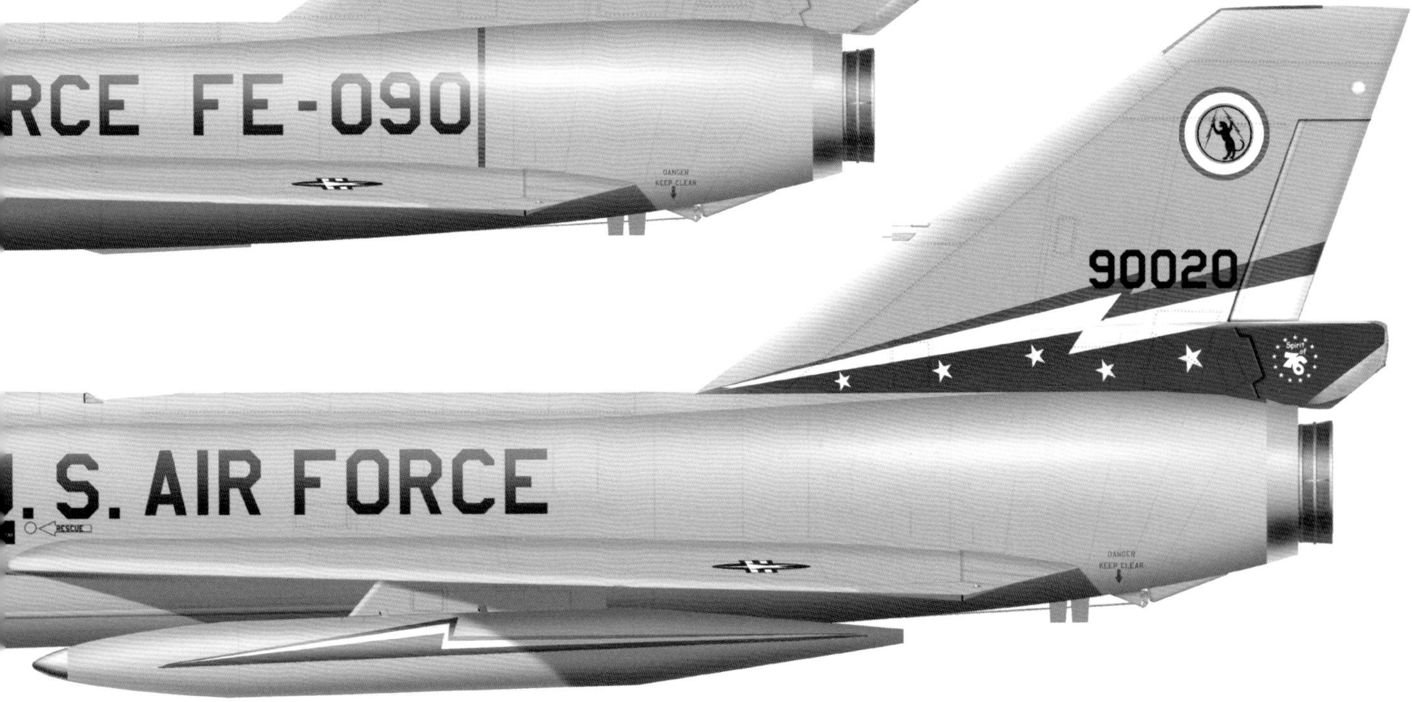

90090

RCE FE-090

90020

U.S. AIR FORCE

康維爾F-106B-75-CO三角鏢式 ▽

康維爾 F-106B-75-CO 三角鏢式，59-0158，維吉尼亞州蘭利空軍基地第 48 戰鬥攔截機中隊，1968 年。雙座的 F-106B 具備跟單座版一樣的作戰能力。

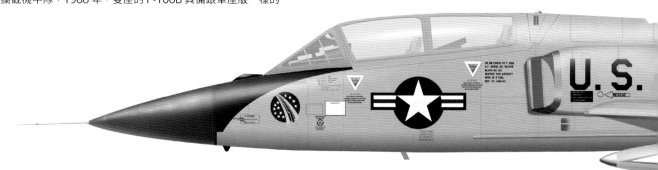

點，已經造成兩起墜機事故與一名飛行員喪生。機隊所有飛機都為了應急，進行修改，至於毛病叢生的彈射椅，依然是問題所在。

由於 F-106 依然停飛，五角大廈展開了新一輪競賽，以決定究竟是美國海軍的 F4H-1 幽靈二式，還是美國空軍的 F-106A 在執行相同任務時表現最佳。美國空軍打算採購 200 架新戰機，並且對 F4H-1 相當有興趣。

據說雖然 F-106 在競賽期間的表現良好，但 F4H-1 因為雷達性能較佳而勝出。

因此在 1961 年 11 月 17 日競賽結束後，當局宣告 F4H-1 成為優勝者，所以軍方再也沒有訂購任何 F-106。

這架飛機的彈射椅終於在 1965 年間更換成比較安全的型號。1969 年 5 月 13 日時，兩架駐防在美國本土最東北角的緬因州羅林（Loring）空軍基地的 F-106，成為首度從美國本土起飛攔截蘇聯轟炸機的戰鬥機。在這趟行動中，它們經過漫長的追逐，攔截到由三架圖波列夫（Tupolev）Tu-95 轟炸機組成的編隊。

將近 20 年之後，也就是 1988 年 8 月 1 日，第 119 戰鬥攔截機中隊的三架 F-106 從大西洋城（Atlantic City）起飛，是這款戰機在美國空軍的最後一趟正式飛行勤務。而在兩年之前，飛行系統公司（Flight Systems Inc.）就已經開始把 194 架長期封存的 F-106 解封，改裝成 QF-106A 無人靶機，最後一架在 1998 年 1 月 28 日消耗掉。

雖然 F-106 在 1959 年到 1980 年代初期之間，有超過 20 年都在從事保衛美國

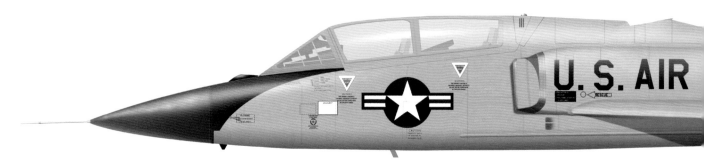

康維爾F-106A-100-CO三角鏢式 ▽

康維爾 F-106A-100-CO 三角鏢式，58-0776，華盛頓州麥科德空軍基地第 318 戰鬥攔截機中隊，1976 年。這架第 318 戰鬥攔截機中隊的飛機綽號「自由之鳥」（*The Freedom Bird*），漆有紀念美國獨立二百周年的專屬塗裝。

的工作，表現十分優異，在美國空軍內部也有許多支持者，但它的生產數量相對較少，性能也很快地被新飛機超越，甚至連飛行速度世界紀錄都在 1961 年被 F-4 戰鬥機奪去。隨著洲際核子彈道飛彈的到來，對於純粹攔截機的需求就此消失，使得有著流暢線條和傑出性能表現的 F-106，成為這個時代的錯誤。●

90158

72540

80776

FORCE

RCE

AIR FORCE

1776　THE FREEDOM BIRD　1976

康維爾F-106B-55-CO 三角鏢式

康維爾 F-106B-55-CO 三角鏢式，57-2540，佛羅里達州廷德爾空軍基地防空武器中心，1982 年。防空武器中心使用單座機和雙座機的 F-106 進行一連串測試，包括加裝火神機砲。圖中這架飛機的機翼掛載攝影機。

Spirit of 76

麥克唐納-
道格拉斯F-4
幽靈二式

幽靈式一開始時出身卑微，只是動力不足的海軍攔截機，之後卻成爲戰後時期性能最優異、名聲最顯赫的戰鬥機。它的飛行速度快、性能可靠、適應性強、攻擊能力等各方面皆無與倫比。

1958-2017

1947 年初，美國海軍意識到他們需要一款性能表現優異的噴射動力攔截機，而且還要能在航空母艦的甲板上作業。於是在 1948 年 5 月 21 日向業界公開徵求提案，最後收到 11 份飛機設計書。麥克唐納提出的設計方案是單引擎的 58 型，在經過長達七個月的比較與討論之後，當局選擇這項設計繼續研發，並賦予 F3H 的編號。

第一架原型機的製造過程多次延誤，這是因為根據這項計畫而開發的西屋 J40 渦輪噴射引擎遭遇種種困難。當美軍部隊在朝鮮半島首度遭遇速度快又機動靈活的後掠翼米格 -15 之後，麥克唐納和西屋備感壓力，必須加快工作進度，第一架 XF3H-1 在 1951 年 8 月 1 日試飛。

但是 J40 的問題多如牛毛，所以美國海軍在此時已經改變需求──這款攔截機需要具備全天候作戰能力。這代表它要配備雷達，並要有能力掛載並發射導向飛彈，現在被稱為惡魔式（Demon）的 F3H 因此大幅度變更設計。雖然當局最後在 1952 年 11 月決定要用艾里遜的 J71 引擎，但已經有一批共 58 架使用原本引擎的 F3H-1N 生產出來。這批當中的第一架在 1952 年 12 月進行首飛，但在發生一連串絕大部分可歸因於引擎問題的致命意外後，奉命停飛。

以 J71 為動力來源的惡魔式擁有加大的機翼，第一架在 1953 年 4 月 23 日升空飛行。因為麥克唐納曾經歷過重新為惡魔式更換引擎的痛苦，所以它對這一點相當明白，這架飛機的基本空氣動力設計相當完善，且能夠適用各種不同的引擎配置。1953 年 8 月，麥克唐納展開一系列概念研究──當中包括為惡魔式裝上一具萊特 J67 引擎、一對萊特 J65 引擎或一對通用電氣 ▶

麥克唐納 F-110A 幽靈二式 ▽

麥克唐納 F-110A 幽靈二式，149405，密蘇里州聖路易（St. Louis），1962 年。在 1962 年之前，根據美國三軍飛機編號系統，幽靈式在美國空軍的編號是 F-110A。

▽ 麥克唐納 F-4C-22-MC 幽靈二式

麥克唐納 F-4C-22-MC 幽靈二式，64-0676，泰國皇家空軍烏汶（Ubon）基地第 45 戰術戰鬥機中隊，1965 年。第一批部署到越南戰區的幽靈式漆著灰 / 白色塗裝。

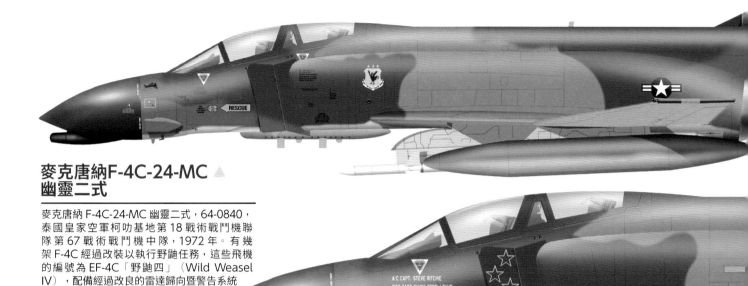

麥克唐納F-4C-24-MC ▲
幽靈二式

麥克唐納 F-4C-24-MC 幽靈二式，64-0840，
泰國皇家空軍柯叻基地第18戰術戰鬥機聯
隊第 67 戰術戰鬥機中隊，1972 年。有幾
架 F-4C 經過改裝以執行野鼬任務，這些飛機
的編號為 EF-4C「野鼬四」（Wild Weasel
IV），配備經過改良的雷達歸向暨警告系統
（RHAWS）、地對空飛彈發射警告系
統和電子反制措施接收器。它們的
武裝有反輻射飛彈，像是本圖
描繪的 AGM-45 伯勞飛彈。

J79 引擎。在每一個專案裡，機翼都比 F3H
的更大，但可以藉由變動其他設計細節來加
以適應。這架飛機也分成單座機和雙座機，
可用來進行空對空攔截、空對地攻擊或偵察
任務，還能夠攜帶各式各樣的機砲、火箭與
其他武器。

　　麥克唐納在 1953 年 9 月 19 日主動提
出一份計畫書，美國海軍當局對於兩款雙引
擎的設計相當有興趣，因此在 1954 年初下
令製作全尺寸模型。麥克唐納公司準時製

作，並在 1954 年 10 月 8 日接受檢查，美
國海軍訂購了兩架安裝兩具 J79 引擎、並配
備兩門機砲的單座原型機，不過這紙訂單卻
在 1955 年 5 月 26 日，變更成兩架配備飛
彈的雙座機，編號為 YF4H-1。兩個月之後，
訂購數量提升到五架預生產機型。

　　武裝部分是在機身下方的半嵌入式武
器艙內，掛載四枚 AIM-7 飛彈，也可選擇
在機翼下方派龍架掛載 AIM-9 飛彈；機砲
被取消，因此 YF4H-1 成為美國第一架只配

備飛彈的戰機。機翼和引擎進氣道接受廣泛
測試，並根據風洞測試結果重新設計，第一
架幽靈二式原型機在 1958 年 5 月 27 日進
行處女航。1958 年 12 月，這架飛機在一
場飛行競賽中贏過沃特（Vought）造型古
怪的 XF8U-3 十字軍三式（Crusader III）
之後，訂單的數量增加到 45 架。

　　在經過更多測試後，這架飛機的座艙
罩進行修改，以改善飛行員的視野，而整流
罩也加大，以便容納西屋 AN/APQ-72 雷

麥克唐納F-4D-29-MC幽靈二式 ▼

麥克唐納 F-4D-29-MC 幽靈二式，66-0234，第 8 戰術戰鬥機聯隊第
435 戰術戰鬥機中隊，泰國皇家空軍烏登基地，1972 年。美軍在越
戰初期就感受到精準轟炸的需求，但一直要到導入飛彈和類
似 GBU-10 之類的雷射導引炸彈，才有力改善局面。

幽靈二式的武裝是在機身下方的半嵌入式武器艙內，掛載四枚AIM-7飛彈，也可選擇在機翼下方派龍架掛載AIM-9飛彈

達的 81.3 公分碟盤。現在的進氣口在導管前有兩塊斜面，第一塊是固定的，第二塊是活動的，此外還加裝可收回的空中加油嘴。一組德州儀器公司 AAA-4 紅外線感測器安裝在整流罩下方的小莢艙裡，讓幽靈二式擁有獨一無二的機鼻。

　　這個時候的幽靈二式顯然是一架優越的飛機，美國國防部長麥納馬拉指示美國空軍考慮採用 F4H-1F 作為下一代的攔截機、戰鬥轟炸機和偵察平臺。如同先前提過 ▶

▲ 麥克唐納F-4D-29-MC幽靈二式

麥克唐納 F-4D-29-MC 幽靈二式，66-7463，泰國皇家空軍烏登基地第 432 戰術偵察機聯隊第 555 戰術戰鬥機中隊，1972 年。德貝勒夫（Charles Barbin DeBellevue）上尉是越戰中的美國空軍頭號王牌。他在 1972 年 9 月 9 日擔任武器系統官（WSO）作戰時，創下他的第五及第六架擊墜紀錄。他的六架擊墜紀錄都在 1972 年間獲得。

麥克唐納F-4E-35-MC幽靈二式 ▲

麥克唐納 F-4E-35-MC 幽靈二式，67-0301，泰國皇家空軍柯叻基地第388 戰術戰鬥機聯隊第 469 戰術戰鬥機中隊，1969 年。

的，幽靈二式在 1961 年分別針對康維爾 F-106A、共和的 F-105 雷公式和麥克唐納的 F-101 巫毒式各自扮演的角色進行測試。

儘管美國空軍一開始反應冷淡，但測試結果隨即表明幽靈二式真的有資格成為下一代戰機。美國空軍在 1962 年 1 月訂購空軍版本機型，分別是 F-110A 或偵察機配置的 RF-110A。1 月 24 日，兩架 F4H-1 撥交給維吉尼亞州蘭利空軍基地，戰術空軍司令部因此可以對它們進行評估。到了 3 月時，就被戰術空軍司令部選為歐洲和太平洋地區美軍部隊的新戰機和偵察機。

美國海軍借給美國空軍另外 27 架飛機，以便進行更多測試。到了 1962 年 9 月時，根據共同編號方案，F-110A 重新編號為 F-4C，RF-110A 則編為 RF-4C，C 型和 B 型之間的差異在於擁有完整的雙重控制系統、更強勁的 J79-GE-15 渦輪噴射引擎、內建的卡匣啟動系統、更厚的低壓輪胎以供野戰機場使用、上機身加裝加油口取代海軍版的可收回式加油嘴，還有防打滑起落架剎車系統。此外，它還有不同的電子裝備－ AN/APQ-100 雷達、AN/ASN-48 慣性導航系統和 AN/ASN-46 導航電腦──也可以攜帶各式導引及無導引炸彈、AIM-4、AIM-7、火箭和機砲莢艙等。

美國空軍的第一架 F-4C 在 1963 年 5 月 27 日首飛，並在飛行過程中達到 2 馬赫的速度。美國空軍的第一批 F-4C 在 1963 年 11 月交機，由第 4453 戰鬥機組員訓練聯隊接收，而第一個接收這款戰機的前線單位則是第 12 戰術戰鬥機聯隊。F-4C 從第 45 戰術戰鬥機中隊於 1965 年 4 月部署在泰國開始，在越戰期間可說是身經百戰、無役不與。

不過到了 1964 年 3 月，也就是第一批 F-4C 交機僅僅五個月之後，空軍當局又訂購了新機型，採用更多改進措施，以便讓原始的海軍設計更能適應美國空軍 ▶

麥克唐納YRF-4C，F-4C-14-MC幽靈二式

麥克唐納 YRF-4C，F-4C-14-MC 幽靈二式，62-12200，1965 年。在越南上空作戰期間，「戰鬥機只需要飛彈」的概念結果證明是無稽之談，對於機砲的需求顯然十分迫切，因此當局在 YRF-4C 的機體上加裝 M61 火神機砲進行初步測試。這架飛機被用來進行多項和幽靈式及其他飛機有關的測試計畫。

麥克唐納F-4E-32-MC幽靈二式

麥克唐納 F-4E-32-MC 幽靈二式，66-0300，冰島克夫拉威克空軍基地第 57 戰鬥攔截機中隊。1985 年。第 57 戰鬥攔截機中隊捍衛冰島領空長達數十年，而幽靈式是該單位使用的最後一款戰鬥機。它們漆有全灰色塗裝。

麥克唐納F-4E-35-MC幽靈二式

麥克唐納 F-4E-35-MC 幽靈二式，67-0283，泰國皇家空軍柯叻基地第 388 戰術戰鬥機聯隊第 469 戰術戰鬥機中隊，1972 年。

麥克唐納-道格拉斯F-4幽靈二式

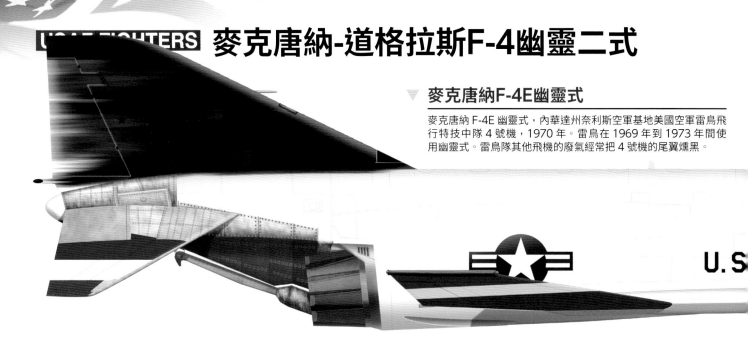

▼ 麥克唐納F-4E幽靈式

麥克唐納 F-4E 幽靈式，內華達州奈利斯空軍基地美國空軍雷鳥飛行特技中隊 4 號機，1970 年。雷鳥在 1969 年到 1973 年間使用幽靈式。雷鳥隊其他飛機的廢氣經常把 4 號機的尾翼燻黑。

的作戰需求。第一批交機的雷達再度更換成重量相對較輕的 AN/APQ-109A，因此需要更大的整流罩，導航系統也有升級，還安裝了 AN/ASG-22 前置計算瞄準器，而紅外線感測器被取消，改以雷達感測器及地對空飛彈警告接收器取代。D 型在其日後漫長的服役生涯當中不斷地繼續升級，加裝額外的感測、標定與其它裝備，因此可以掛載各式各樣的武器彈藥。

F-4C 和 D 的特點當中最不受飛行員歡迎的，就是機體沒有配備機砲。麥克唐納在 1964 年開始思考如何改善此點，到了 1965 年初，著手修改原本的 YRF-4C 原型機，拉長機鼻以安裝一門通用電氣 20 公釐口徑 M61A1 機砲──雷達則向前挪移以騰出空間。這個機型重新編號為 YF-4E，在 1965 年 8 月 7 日首度升空，接著又有兩架飛機接受同樣改裝，分別是一架 F-4C 和一架 F-4D，然後便展開測試計畫。

測試計畫順利成功，空軍當局於是在 1966 年 8 月訂購 96 架 F-4E 的生產型。生產型和原型機的差異，在於配備為海軍 F-4J 開發的附前緣縫翼的尾翼，並取消所有空軍早期幽靈二式型號具備的機翼摺疊機構，目的是減輕重量。它的引擎升級成 J79-GE-17，引擎艙內加上了鈦金屬片，以承受引擎產生的極高溫；雷達也換成 AN/APQ-120，此外也連帶更改一批電子裝置。就像 F-4C 的 RF-4C 偵察型，F-4E 也有對應的 RF-4E，基本上就是把前者安裝照相機

▲ 麥克唐納-道格拉斯F-4E-60-MC幽靈二式

麥克唐納 - 道格拉斯 F-4E-60-MC 幽靈二式，74-048，西德施潘達勒姆空軍基地第 480 戰術戰鬥機中隊，1985 年。

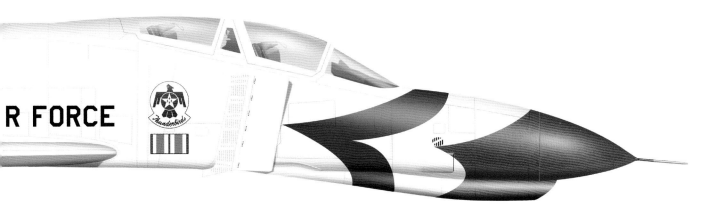

R FORCE

的機鼻，移植到 F-4E 的機體上。

　　由於 F-4F 是為西德生產的機型，因此不在本書的探討範圍內，但有兩款不同的 F-4G。這個編號首先用在 12 架美國海軍的 F-4B 上，它們裝有 AN/ASW-21 資料鏈通訊系統，還有其他和自動航艦降落系統有關的裝備。這批飛機當中的第一架早在 1963 年 3 月 20 日首飛，而所有 12 架都在小鷹號（Kitty Hawk）航空母艦上服役。1965 年 11 月到 1966 年 6 月這段期間，

於越南上空執行任務，其中一架在行動中損失，其餘 11 架則改裝回 F-4B 標準。

　　不過美國空軍的 F-4G 是野鼬機版本。如同前面提過的，野鼬任務在越南作戰期間

進行，參與的飛機會安裝複雜的電子設備套件，使它們能夠找出並摧毀敵軍的地對空防禦網。共和公司的 F-105F 和 F-4C 為了扮演這類角色，經過改裝成為 EF-105F 和 ▶

SP
480TFS
AF74-048

麥克唐納-道格拉斯 F-4E-60-MC幽靈二式

麥克唐納 - 道格拉斯 F-4E-60-MC 幽靈二式，74-1040，德州伯格史壯空軍基地空軍預備部隊第 924 戰術戰鬥機大隊第 704 戰術戰鬥機中隊，1991 年。隸屬於這個單位的飛機漆有稱為「雲」的塗裝。這架飛機配備光電目標識別系統（Target Identification System，Electro-Optical，TISEO）。

TX
741040
924TFG
AFRES

麥克唐納-道格拉斯F-4幽靈二式

EF-4C。

　　越戰結束後，對於升級野鼬機的需求依然存在，因此當局決定由 F-4E 作為下一代地對空飛彈陣地殺手的載臺。麥克唐納-道格拉斯──麥克唐納在 1967 年和道格拉斯合併──在 1975 年 12 月開始測試改裝後的 F-4E，最後總計有 116 架接受改裝，並獲得 F-4G 的編號。

　　G 型拆除安裝於機鼻的機砲，以便把空間騰出來安裝側視天線和 AN/APR-38 警告暨攻擊系統，這套系統的其他天線則安裝在尾翼頂端的整流罩裡。G 型的後駕駛艙進行大幅修改，目的是要容納電子作戰官和三塊負責顯示感測器資料的大螢幕、雷達螢幕和一如以往的雙重控制系統。

　　如果有要求的話，F-4G 能夠攜帶絕大部分早期幽靈式使用的武器，但也能夠發射 AGM-88 高速反輻射飛彈（HARM），與 AGM-75 小牛（Maverick）飛彈的電視或成像紅外線版本。首批 F-4G 在 1978 年開始服役，另外有 18 架 F-4E 在 1988 年改裝成 G 型以彌補損失。這款戰機曾參與 1991 年 1 月及 2 月的「沙漠風暴行動」（Operation Desert Storm），最後一批戰機在 1996 年 4 月從愛達荷州空中國民兵退役。

　　然而，美國幽靈式的故事並未在此畫下句點，QF-4 無人靶機一直服役到 2017 年 1 月 1 日。總共為所有使用者生產了 5195 架幽靈式──這個數字不只包括美國空軍和海軍，還包括英國、德國、希臘、澳洲、西班牙、土耳其、日本、南韓、以色列、埃及甚至還有伊朗等國的空軍。

　　歸功於 F-4 的雙座雙引擎布局，它的可靠度、適應性和作戰能力成為美國空軍第一款真正的現代化噴射戰鬥機──即使在首次飛行的 60 年以後，這款戰機依然在一些海外國家服役。這架神威顯赫的戰機的故事也許在美國告一段落，但它的傳奇看起來還會在未來的日子裡繼續流傳下去。●

麥克唐納-道格拉斯F-4G幽靈二式 ▼

麥克唐納-道格拉斯 F-4G 幽靈二式，69-7216，巴林（Bahrain）謝赫伊薩（Sheikh Isa）空軍基地第 561 戰術戰鬥機中隊，1991 年。在「沙漠風暴行動」期間，「野鼬五」部署到中東，保護攻擊機隊不受地對空飛彈襲擊。

麥克唐納F-4E-41-MC幽靈二式

麥克唐納 F-4E-41-MC 幽靈二式，68-0506，西德拉姆施泰因空軍基地第 512 戰術戰鬥機中隊，1983 年。第 512 戰術戰鬥機中隊的兩架飛機漆有知名的龍嘴塗裝，和該中隊的隊徽與綽號互相搭配。這架飛機漆有纏繞式的東南亞迷彩。

麥克唐納F-4E幽靈二式

麥克唐納 F-4E 幽靈二式，土耳其因吉利克（Incirlik）空軍基地第 3 戰術戰鬥機中隊，1991 年。在沙漠之盾（Desert Shield）/「沙漠風暴行動」期間，來自以菲律賓克拉克（Clark）空軍基地為基地的第 3 戰術戰鬥機中隊的飛機部署在因吉利克空軍基地。

麥克唐納-道格拉斯RF-4C-40-MC幽靈二式

麥克唐納 - 道格拉斯 RF-4C-40-MC 幽靈二式，68-0597，泰國皇家空軍烏登基地第 14 戰術偵察中隊，1972 年。RF-4C 在越南扮演重要角色──在性能優異的飛機上搭載複雜的偵察設備。

通用動力 F-111 土豚式

U.S. AIR FORCE

F-111 的設計在美國空軍及海軍相互競爭的需求中做出妥協,最後結果就是落得兩邊都不喜歡。它體積龐大、重量重、動力強勁且生產數量少,不過由於導入許多尖端科技,有著令人肅然起敬的服役生涯。

1964-1998

當 鮑爾斯(Francis Gary Powers)駕駛的洛克希德 U-2 間諜機在 1960 年 5 月 1 日被一枚 SA-2 標線(Guideline)飛彈擊落後,美方明瞭到蘇聯已經具備可靠的能力,能夠擊落在 18,288 公尺以上高度飛行的目標,但是地對空飛彈依然無法應付在極低高度高速飛行的目標。因此美國空軍在 1960 年 6 月發布規格,徵求一種可以在較短的簡陋跑道上作業的長程高速低空攻擊機。

同一時間,美國海軍也正在尋求一種長程艦隊防禦戰機,它的雷達要比裝在幽靈二式上的更強大。國防部長麥納馬拉有了先前強迫美國空軍採用海軍 F-4 的經驗後,他下令把兩種需求合而為一,成為實驗性戰術戰鬥機(Tactical Fighter Experimental,TFX)計畫。這兩個軍種只有對於雙座、雙引擎和可變翼配置以改善起飛性能這幾個需求意見一致——除了這些以外,他們的需求南轅北轍。

海軍打算讓機組員並肩而坐,這麼一來他們都可以看見雷達螢幕,但空軍卻希望採取前後排列,以利低空攻擊任務;海軍對於低空亞音速的性能表現相當滿意,但空軍卻要求在低空達到 1.2 馬赫的速度,此外海軍還需要夠大的機鼻,才能夠容納 121.9 公分的雷達碟盤。

儘管如此,當局還是擬出了沒人滿意的半吊子需求,並在 1961 年 10 月公開徵求提案。最後共有六份計畫書投標,由波音(Boeing)和通用動力(General Dynamics)的計畫中選,可繼續進行。這兩間公司都在 1962 年 4 月提出更新的計畫,之後官方評選委員會選出波音的提案為優勝者。不過麥納馬拉卻推翻這個結果,並決定改採通用動力的設計案繼續進行,原因是它的計畫在空軍版和海軍版之間

有更大的共通性。當局在 1962 年 12 月簽訂合約,通用動力於是著手展開飛機編號為 F-111 的細部設計工作——F-4 原本的編號是 F-110。

F-111A 和 F-111B 分別代表美國空軍與美國海軍版本的型號。這兩款飛機擁有同樣的可變角度後掠翼科技,在起飛、降落和低速飛行時可以只後掠 16 度,而在高速飛行時可後掠達 72.5 度;它們也共用相同的普惠公司 TF30-P-1 渦輪扇引擎、內部武器艙、前三點式起落架和供機組員乘坐的左右併排式座椅,安裝在附有逃脫艙設計的駕駛艙中。

後者的機鼻短了 2.6 公尺,如此一來就可以配合航空母艦現有的升降機,翼尖則多了 1.1 公尺,以改善續航力。前者配備的電子設備組合中包括德州儀器創新的 AN/APQ-110 地形追隨雷達。

F-111A 實體模型檢查在 1963 年 9 月進行,而第一架實體機——配備彈射椅而不是模型的逃脫艙——在 1964 年 10 月 15 日完成。它在 1964 年 12 月 21 日進行首飛,並在兩個月之後達到 1.3 馬赫的速度。它的非正式綽號稱為「土豚式」(Aardvark)。第一架 F-111B 在 1965 年 5 月 18 日首度升空,之後 F-111A 和所有 B 型都裝上 TF30-P-3 引擎,最高速度可達 2.3 馬赫。

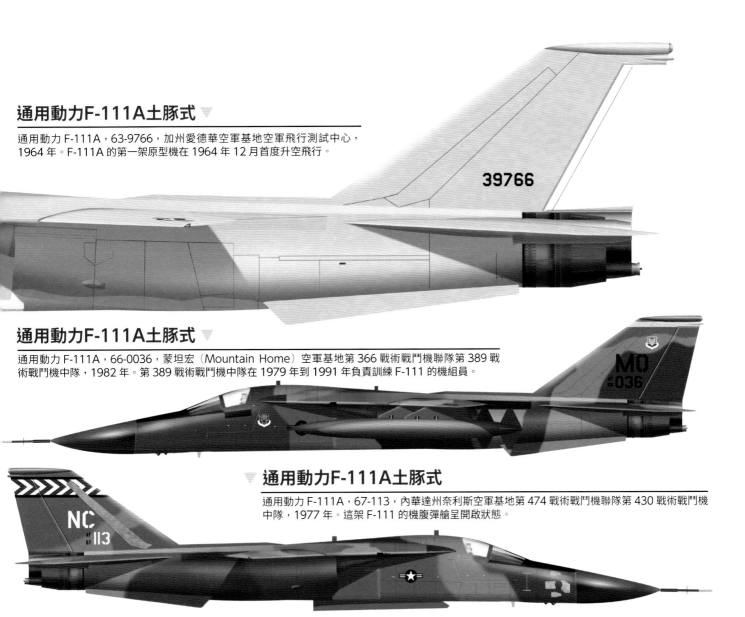

通用動力F-111A土豚式 ▽

通用動力 F-111A，63-9766，加州愛德華空軍基地空軍飛行測試中心，1964 年。F-111A 的第一架原型機在 1964 年 12 月首度升空飛行。

通用動力F-111A土豚式 ▽

通用動力 F-111A，66-0036，蒙坦宏（Mountain Home）空軍基地第 366 戰術戰鬥機聯隊第 389 戰術戰鬥機中隊，1982 年。第 389 戰術戰鬥機中隊在 1979 年到 1991 年負責訓練 F-111 的機組員。

▽ 通用動力F-111A土豚式

通用動力 F-111A，67-113，內華達州奈利斯空軍基地第 474 戰術戰鬥機聯隊第 430 戰術戰鬥機中隊，1977 年。這架 F-111 的機腹彈艙呈開啟狀態。

在 1965 和 1966 年間，經過對引擎進氣口設計的漫長測試和調整後，第一架飛機終於在 1967 年 7 月 17 日交付給美國空軍。當局在 1967 年訂購修改版，配備更強力的引擎、更好的進氣口、數位航電系統與玻璃駕駛艙，不過當相關計畫延誤時，又推出了簡化版的 F-111E，配備原本的引擎與航電系統。

1968 年 4 月 28 日，F-111A 加入第 428 戰術戰鬥機中隊，成為現役機種。共有六架被送往越南進行實戰測試，但因為水平安定尾翼故障，在一個月之內損失了三架。同年較晚的時候，當局在疲勞測試期間

偵測到機翼連接點出現裂縫，F-111A 機隊因此停飛；F-111B 在 1968 年 7 月取消，到了 1969 年 2 月只完成七架。

美國空軍操作的另一個型號是 F-111F，在 1969 年下訂，裝有性能強大的 TF30-P-100 引擎和經過強化的機翼。生產工作在 1970 年展開，此時 F-111D 正好開始交機。由於屬於當時尖端科技結晶的數位航電毛病叢生，F-111D 一直要到 1972 年才開始執行作戰勤務，但即使如此也只有位於新墨西哥州坎農（Cannon）空軍基地的第 27 戰術戰鬥機聯隊配備這款戰機。F-111A 在 1972 年 9 月重返東南亞作戰。

F-111A 共生產 158 架，當中包括 17 架預生產機型升級成生產機型標準。在 1977 年 3 月到 1981 年 11 月之間，共有 42 架 F-111A 改裝成 EF-111A 渡鴉式（Raven）電子作戰機。所有剩餘下來且沒有經過修改的 F-111A，全都在 1991 年封存。F-111D 共有 96 架，也在差不多相同時間退出現役。

最後 94 架 F-111E 在 1995 年退役，而最後的 106 架 F-111F 也跟著在次年退役，其餘的 EF-111A 則在 1998 年 5 月封存。●

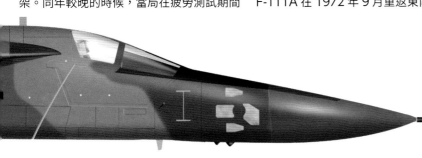

◀ 通用動力F-111A土豚式

通用動力 F-111A，66-018，泰國皇家空軍泰赫利基地第 428 戰術戰鬥機中隊，1968 年。土豚式戰鬥機是在 1968 年 3 月到 11 月期間的「戰鬥槍騎兵行動」（Operation Combat Lancer）期間首度投入越南戰場作戰。

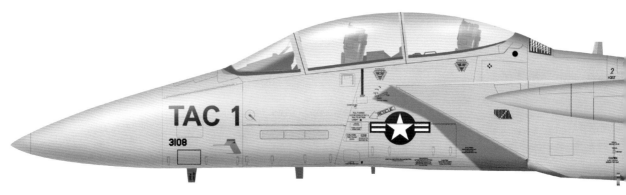

麥克唐納-道格拉斯F-15鷹式

第一流的 F-15 戰鬥機是在 1970 年代設計的純空優戰機,但實戰證明它在執行攔截和對地攻擊的任務時,表現同樣優異。它至今仍在服役,是令人難以置信的多功能、高效益飛機。

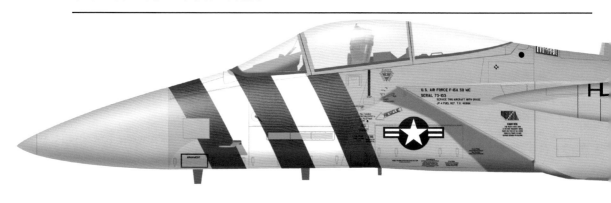

▼ 麥克唐納-道格拉斯F-15B-7-MC鷹式

麥克唐納 - 道格拉斯 F-15B-7-MC 鷹式，73-0108，亞利桑那州路克
空軍基地第 555 戰術戰鬥機訓練中隊，1974 年。TAC-1 是第一架
投入使用的 F-15B，用來訓練 F-15 機組員的種子教練機。

時 序來到 1965 年初，美國空軍需要
一款新型戰鬥機，希望能有效應對
蘇聯愈來愈強大的空中作戰能力。
F-111A 顯然缺乏和敵方戰鬥機交戰必須要
有的機動性，而且價格太過昂貴，無法大量
生產。因此需要一種低成本、能夠大量生產
的「戰術戰鬥機」來補充規模相對較小的
F-111A 機隊。

在研究過現有的設計後，將諾斯洛普
F-5 自由鬥士式（Freedom Fighter）和沃
特 A-7 海盜二式（Corsair II）都列入考量。
雖然 A-7 最後勝出，但是卻有愈來愈多人
支持開發一款具備更佳空對空作戰能力、更
昂貴的新戰鬥機──也就是 F-X 戰機。當局
在 1965 年 12 月 8 日向 13 家公司徵求提
案，結果有八家公司回應。之後當局再把
範圍縮小到四家公司，而它們到 1966 年 7

月時為止已經提出大約 500 組設計概念。

這些設計概念基本上都有先進的空氣
動力特徵，像是可變角度後掠翼，重量約 2
萬 7215.5 公斤，極速大約 2.7 馬赫──使
它們和 F-111 實驗性戰術戰鬥機不相上下。

在越戰中，原本設計用來高速飛行及
使用飛彈進行遠距離空戰的美國飛機，發現
它們在和速度較慢但更加機動靈活、且有固
定機砲武裝的敵機進行近距離戰鬥時，很容
易陷入劣勢。因此在美國空軍內部，芮喬尼
（Everest Riccioni）上校、斯普雷（Pierre
Sprey）和博伊德（John Boyd）上校形成
了一個意見團體，他們相信 F-X 正走向錯
誤的方向，並主張空軍需要的應該是一款更
輕、更慢、更便宜但機動性更強的戰鬥機，
而且這種飛機必須能夠大量生產，以便確保
制空權。

博伊德上校在 1966 年 10 月奉命審
核 F-X 的相關研究，並和民間分析師斯普
雷（Sprey）一同提出更輕量的 F-X 方案。
經過修改的規格數據，包括最大起飛重量為
1 萬 8143.7 公斤，在 1968 年 9 月對外發
布，吸引四間公司提交設計方案，結果通用
動力出局，剩下麥克唐納 - 道格拉斯、費爾
柴爾 - 共和（Fairchild Republic）、北美 -
洛克威爾（North American Rockwell）
在 1968 年 12 月進入下一階段。

到了 1969 年 6 月，每間公司都已經
遞交各自的技術提案，經過周延詳盡的審查
過程後，當局在 1969 年 12 月 23 日宣布 ▶

麥克唐納-道格拉斯F-15A-9-MC鷹式 ▽

麥克唐納 - 道格拉斯 F-15A-9-MC 鷹式，73-0103，亞利桑那州路克空
軍基地第 461 戰術戰鬥機訓練中隊，1975 年。這是第一批投入使用的
F-15A 之一。

麥克唐納-道格拉斯F-15鷹式

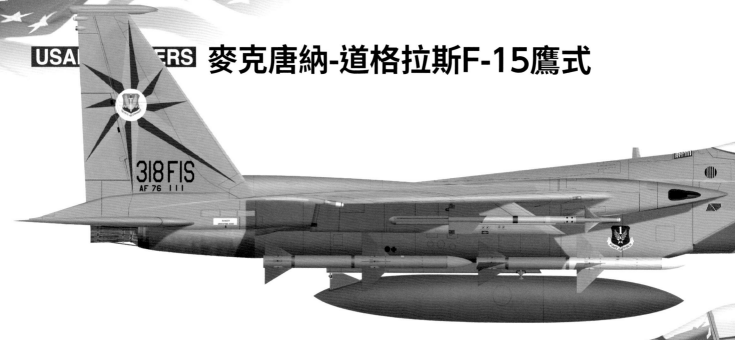

麥克唐納-道格拉斯F-15A-17-MC鷹式 ▲

麥克唐納 - 道格拉斯 F-15A-17-MC 鷹式，76-0111，華盛頓州麥科德空軍基地第 318 戰鬥攔截機中隊，1984 年。第 318 戰鬥攔截機中隊負責太平洋西北部的空防，在 1983 年到 1989 年間操作 F-15。

由麥克唐納 - 道格拉斯勝出——其特有的寬大扁平機身、固定式機翼、雙垂直尾翼、雙引擎和大型進氣道設計，是以美國國家航空暨太空總署（NASA）進行風洞測試期間研究過的一款設計為基礎。它的引擎為普惠公司 F100 引擎，武裝的標準配備是 20 公釐口徑 M61 火神機砲。F-15 機翼下有兩個硬掛點，每個都能承載一對飛彈發射軌，機身下方則有四個硬掛點，可以半嵌入的方式

掛載 AIM-7 麻雀飛彈，此外還有中線派龍架，必要時也可選擇加裝機身派龍架。

　　這架飛機首先配備休斯公司 AN/APG-63「下視下射」雷達，有了這種先進的設備，代表單座的 F-15A 不需要後座人員負責管理雷達，這是自 F-4 運用雷達系統以來，堪稱一次重大的科技躍進。它的搜索能量達到將近四倍半，搜索距離也幾乎翻倍，達到 148.2 公里。

　　F-15A 也裝上了抬頭顯示器（Head-Up Display）來取代傳統的瞄準器——這是這種革命性的系統首度應用在純戰鬥機上。另一項創新是「手勿離油門及駕駛桿」（Hands On Throttle And Stick, HOTAS），透過這個系統，飛機上最重要的各項控制都被整合到飛行員的操縱桿和節流閥控制桿上；串聯使用這兩個系統的話，▶

麥克唐納-道格拉斯F-15C-40-MC鷹式 ▽

麥克唐納 - 道格拉斯 F-15C-40-MC 鷹式，85-0114，沙烏地阿拉伯塔布克（Tabuk）空軍基地第 33 戰術戰鬥機聯隊第 58 戰術戰鬥機中隊，1991 年。1991 年 1 月「沙漠風暴行動」期間，羅德里奎茲（Cesar Rodriguez）上尉獲得兩場空對空作戰勝利，擊落米格 -29 和米格 -23 各一架。

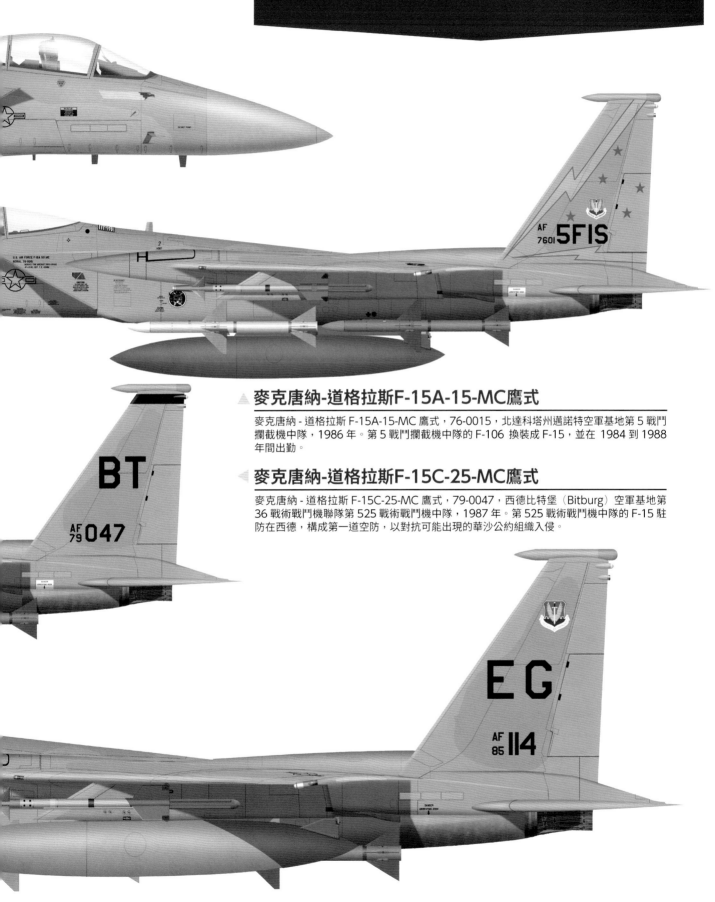

F-15A也裝上了抬頭顯示器來取代傳統的瞄準器——
這種革命性的系統首度應用在純戰鬥機上

▲ 麥克唐納-道格拉斯F-15A-15-MC鷹式

麥克唐納 - 道格拉斯 F-15A-15-MC 鷹式，76-0015，北達科塔州邁諾特空軍基地第 5 戰鬥攔截機中隊，1986 年。第 5 戰鬥攔截機中隊的 F-106 換裝成 F-15，並在 1984 到 1988 年間出勤。

◀ 麥克唐納-道格拉斯F-15C-25-MC鷹式

麥克唐納 - 道格拉斯 F-15C-25-MC 鷹式，79-0047，西德比特堡（Bitburg）空軍基地第 36 戰術戰鬥機聯隊第 525 戰術戰鬥機中隊，1987 年。第 525 戰術戰鬥機中隊的 F-15 駐防在西德，構成第一道空防，以對抗可能出現的華沙公約組織入侵。

F-15 的飛行員在戰鬥當下，就不必為了尋找駕駛艙中難以馬上找到的按鈕或開關而把目光移開。

當局訂購兩款剛賦予編號的 F-15：單座的 F-15A 和雙座的 F-15B（原本編號為 TF-15A）。第一架完成的原型機序列編號為 71-0280，在 1972 年 6 月 26 日現身，而這款戰機的新名字——鷹式（Eagle）——也跟著這架飛機首度向全世界公開。之後這架飛機就被拆解，裝進一架洛克希德 C-5A 銀河式（Galaxy）運輸機的貨艙，

接著就前往加州愛德華空軍基地，以展開飛行測試科目。

1972 年 7 月 27 日早晨 7 點，重新組裝起來的飛機首度以自身動力升空飛行。儘管其中一扇起落架艙門無法正確關閉引起關切，但這趟飛行大獲成功，並繼續進行各項測試，但令人訝異的是沒有發現太多設計缺陷。水平安定尾翼和機翼則有些微修改，以解決抖振問題。

十架 F-15A 原型機當中的最後一架序列編號是 71-0289，在 1974 年 1 月 30

麥克唐納-道格拉斯F-15C-38-MC鷹式 ▽

麥克唐納 - 道格拉斯 F-15C-38-MC 鷹式，84-0025，日本嘉手納（Kadena）空軍基地第 44 戰術戰鬥機中隊，2008 年。這架飛機展示在「沙漠風暴行動」期間獲得的兩個擊落標誌。

麥克唐納-道格拉斯F-15C-41-MC鷹式 ▽

麥克唐納 - 道格拉斯 F-15C-41-MC 鷹式，86-0156，英國皇家空軍萊肯希思基地第 48 戰術戰鬥機聯隊第 493 戰術戰鬥機中隊，2017 年。這架飛機在 2017 年的時候，依然保留傑佛瑞·黃（Jeffrey Hwang）上尉在 1999 年 3 月的「聯軍行動」（Operation Allied Force）期間擊落兩架塞爾維亞米格 -29 戰機的標誌。

日進行首飛。F-15B 的原型機有兩架，第一架序列編號 71-0290，在 1973 年 7 月 7 日首飛，第二架序列編號 71-0291，則在 1973 年 10 月 18 日首度飛行。

第一架交付的 F-15 是 F-15B，時間是 1974 年 11 月 13 日，第一個接收的前線單位是第 555 戰術戰鬥機中隊。在 1972 年到 1979 年之間，共生產了 384 架 F-15A 和 61 架 F-15B。

F-15C 是新的單座全天候空優版本，在 1979 年導入。它的外觀和原本的 F-15A 相差不大，但內部的更動就非常顯著。起落架經過強化，以應付更大的最大起飛重量——高達 3 萬 844.3 公斤—— F-100 引擎也有所改良。它的機體也更加堅固，讓飛行員可以拉到 9G，相比之下先前的限制為 7.5G。

AN/APG-63 受惠於處理能力大幅增加，機身內部也多了一些額外的油箱空間，若有需要，這架飛機也能夠裝上固定式適形油箱（Conformal Fuel Tank），增加燃料攜帶量。另外還有新的先進觀念彈射椅（Advanced Concept Ejection Seat）ACES II，在萬一需要脫離的緊急狀況下可以改善飛行員的存活率。

F-15C 總計生產了 483 架，雙座訓練版 F-15D 則生產 92 架。最後 43 架 F-15C 經過升級，獲得 AN/APG-70 雷達，之後又改成 AN/APG-63(V)1 雷達。

雖然 F-15 是設計作為空優戰機，但在測試第一批原型機時，麥克唐納 - 道格拉斯也曾考慮過對地攻擊機型——在未來有替換 F-111 和自家公司 F-4 的潛在可能性。 ▶

麥克唐納-道格拉斯F-15D-36-MC鷹式 △

麥克唐納 - 道格拉斯 F-15D-36-MC 鷹式，83-050，奈利斯空軍基地美國空軍作戰中心，2007 年。美國空軍作戰中心負責空軍飛行員的進階訓練、考核與評估。這個機構以前稱為美國空軍戰術戰鬥機武器中心，在 2005 年才改稱美國空軍作戰中心。

麥克唐納-道格拉斯F-15鷹式

麥克唐納-道格拉斯F-15D-29-MC鷹式 ▽

麥克唐納 - 道格拉斯 F-15D-29-MC 鷹式，80-058，內華達州奈利斯空軍基地第 65 假想敵中隊，2005 年。第 65 假想敵中隊負責扮演敵對飛機，提供機組員擬真的空戰訓練，其 F-15 的塗裝類似蘇愷 Su-27 側衛式（Flanker）的塗裝。

麥克唐納-道格拉斯 F-15C-28-MC鷹式 ▷

麥克唐納 - 道格拉斯 F-15C-28-MC 鷹式，80-0038，冰島克夫拉威克機場第 57 戰鬥機中隊，1995 年。雖然所有 F-15C 都可以攜帶戰術燃油及感測包（fuel and sensor tactical pack，FAST）升級包的適形油箱，但只有少數單位會定時使用，例如以冰島為基地的第 57 戰鬥機中隊。

當美國空軍在 1978 年展開戰術全天候需求研究的時候，機會總算降臨，美國空軍考慮是否要採購更多 F-111 時，在這個階段以 F-15B 為基礎修改的 F-15E 成為攻擊戰鬥機的提案。

研究結果表明當局更喜歡 F-15E，因此麥克唐納 - 道格拉斯在次年開始和休斯公司緊密合作，開發 F-15 的對地攻擊能力——雖然此時還沒有訂購這款戰機的合約。第二架雙座 TF-15A 的原型機序列編號是 71-0291，經過修改以容納鋪路釘（Pave Tack）雷射標定莢艙，如此一來便可投擲導引炸彈，並在 1980 年 7 月 8 日作為先進戰鬥機能力展示機，首度飛行。

美國空軍在 1981 年 3 月啟動增強型

戰術戰鬥機的計畫，目標是找出可以取代 F-111 的機種，它的要求是這架飛機要能夠在不需額外戰鬥機護航的狀況下，執行攻擊任務——也就是它可以為自己護航。原本考慮讓帕那維亞（Panavia）的龍捲風式（Tornado）扮演這個角色，但美國空軍認為它沒有能力遂行空優作戰。通用動力提出 F-16XL——也就是 F-16 戰機的彎曲箭矢三角翼版本，麥克唐納 - 道格拉斯則提出 F-15E。

這場競標之後更名為雙重角色戰機（Dual-Role Fighter）。對提案的評估一直持續到 1983 年 4 月 30 日，通用動力和麥克唐納 - 道格拉斯的設計都各有優勢，而麥克唐納 - 道格拉斯則在評估過程中又改裝

另外三架 F-15 送審。1984 年 2 月 24 日，當局宣布 F-15E 勝出，主要是因為它的開發成本明顯較低，只需 2.7 億美金，相較之下 F-16XL 則需 4.7 億美金，另一個原因則是相較於 F-16XL 的單引擎配置，它具備冗餘的雙引擎。

官方剛開始打算購買 400 架，最後敲

麥克唐納-道格拉斯
F-15A-17-MC鷹式

麥克唐納 - 道格拉斯 F-15A-17-MC 鷹式，76-0086，愛德華空軍基地第 6512 測試中隊，1985 年。這架飛機從范登堡（Vandenberg）空軍基地起飛，用來測試發射沃特的 ASM-135 反衛星（ASAT）飛彈。這場測試在 1985 年 9 月 13 日進行，結果直接命中目標衛星。

定的數字是 392 架。三架 F-15E 的生產工作在 1985 年 7 月開工，而當中的第一架在 1986 年 12 月 11 日首飛。

　　這架飛機的序列編號是 86-0183，擁有重新設計的前段機身，但後段機身和引擎艙仍是 F-15 的原始設計；第二架原型機包括新的後段機身，第三架則融合 F-15E 生 ▶

麥克唐納-道格拉斯
F-15E-41-MC攻擊鷹式 ▽

麥克唐納 - 道格拉斯 F-15E-41-MC 攻擊鷹式，86-0183，加州愛德華空軍基地，1987 年。這是第一架生產型的攻擊鷹式，因此在機鼻漆上此一頭銜。

麥克唐納-道格拉斯 F-15E-52-MC攻擊鷹式 ▶

麥克唐納 - 道格拉斯 F-15E-52-MC 攻擊鷹式，91-0322，內華達州奈利斯空軍基地第53 測試暨評估大隊第 422 測試暨評估中隊，2019 年。鷹式具備核武投射的能力，這張圖片描繪的是對 B61-12 之類的新款自由落下戰術核彈進行測試。

產型的所有特點。

　　F-15E 的動力來源是兩具普惠公司 F100-PW-220 或 229 附後燃器渦輪扇引擎，結構比早期的 F-15 還要堅固。武器系統官的位置在後座，設有多個螢幕，可顯示來自雷達、電戰系統和熱像儀的畫面，此外還有導航用的電子地圖。它也配置了完整的雙重控制系統，如此一來武器系統官就可以在必要時接手，駕駛飛機。

　　緊貼機身的適形油箱是 F-15E 的標準配置，另外還有整合戰術電戰系統，包括雷達警告接收器、雷達干擾器、雷達和干擾絲／熱焰彈投放器。若有需要的話，機身中線派龍架也可加掛 ALQ-131 電子反制莢艙。

　　隨著麥克唐納 - 道格拉斯和波音公司在 1997 年合併，後者成為「存續」公司，麥克唐納 - 道格拉斯 F-15 便成了波音 F-15。2010 年時，F-15E 機隊接受升級，安裝

了雷神（Raytheon）APG-82 主動電子掃描陣列（Active Electronically Scanned Array，AESA）雷達，這款雷達結合了 F/A-18E/F 超級大黃蜂式（Super Hornet）APG-79 雷達處理器，和 F-15C 的 APG-63(V)3 主動電子掃描陣列雷達的天線。

　　第一架 F-15E 在 1988 年 4 月撥交給第 405 戰術訓練聯隊，並且持續生產到 2001 年，共生產了 236 架。美國空軍在

麥克唐納-道格拉斯
F-15E-44-MC攻擊鷹式

麥克唐納 - 道格拉斯 F-15E-44-MC 攻擊鷹式，87-0207，西摩詹森空軍基地第 4 戰鬥機聯隊第 366 戰鬥機中隊，1991 年。這架攻擊鷹式在機首展示參加過「沙漠風暴行動」的任務標誌。

2017 年表示，打算讓 F-15C/D 繼續服役到 2020 年代，F-15E 則希望能至少服役到 2025 年。在本書寫作的時候，當局尚未決定替代機種。2019 年 4 月，據報導美國空軍很可能會購買一批全新且徹底現代化的 F-15，已經在 2020 年提出預算申請購買八架新造的 F-15EX，並計畫在未來四年裡增購 72 架。

F-15 戰鬥機以從未在空戰中被擊敗過而聞名，擊落數已經累計超過 100 比 0，因此繼續蟬連世界戰力最強大、最多功能、最致命的軍機王者。●

波音F-15EX鷹二式 ▽

波音 F-15EX，2027 年。2019 年時，美國空軍確認採購新式 F-15EX 的計畫，具備許多晚期出口型號才有的特徵。這張圖片是日後這款戰機可能的塗裝外觀示意圖。

通用動力F-16
戰隼式

性能優異且徹底現代化的多功能戰機F-16，儘管有「官方名稱」，但一般通稱為毒蛇（Viper），構成了美國空軍戰鬥機部隊的骨幹。

在 1965 年啟動的 F-X 計畫，目的是要獲取一款新式戰機，此時在越南的戰鬥正在重塑美國空軍對戰鬥機的需求認知。到那個時候為止，人們一般認為未來就是高速飛彈平臺搭配性能更加強大的長程雷達的天下。

但是飛行員不顧地對空飛彈防禦網帶來的複雜威脅，和米格機一較高下的經驗挑戰了這個觀點。一種新的思考方式開始滲透

▲ 通用動力F-16A BLOCK 1戰隼式

通用動力 F-16A Block 1，78-0016，猶他州希爾（Hill）空軍基地第 16 戰術戰鬥機訓練中隊，1979 年。第一批 F-16 在 1979 年交付給第 16 戰術戰鬥機訓練中隊。

▼ 通用動力F-16B BLOCK 1戰隼式

通用動力 F-16B Block 1，78-082，希爾空軍基地第 16 戰術戰鬥機訓練中隊，1979 年。第一批交付的 F-16 有黑色的雷達天線罩，但因為可辨識度太高，之後改成更適當的顏色。

進決策過程，也就是能夠做到極端機動靈活的輕量化戰鬥機，將會帶來更優越的空對空戰鬥能力。博伊德上校是擁護這項觀點的第一人。

他和芮喬尼上校以及民間分析師斯普雷組成眾所周知的「戰鬥機黑手黨」（Fighter Mafia），為較輕的 F-X 戰機理念而奮鬥。空軍內部有許多人忽略博伊德的觀點，因為他意識到這個觀點會對日後的

F-15 造成威脅。但是在博伊德強力推銷的內容之中，一個關鍵的部分就是成本——輕量化的戰鬥機會便宜許多，能增加很多能夠購買的數量。這個觀點很有可能幫助他在美國空軍內部對預算錙銖必較的高層中贏得認同者。

這種輕型戰鬥機概念非但沒有取代 F-X計畫，反而獨自成為一場競賽：F-XX。空軍原型機研究小組在 1971 年 5 月成

立，它的其中一項提議就是輕型戰鬥機（Lightweight Fighter，LWF）。當局擬出一份邀請報價單，內容提到需要一款重約 9070 公斤的日間戰鬥機，要針對高度在9100 到 12200 公尺、速度在 0.6 和 1.6馬赫之間的空中戰鬥型態進行最佳化；它必須擁有絕佳的機動力、航程和加速度能力，理想的單機成本應為 300 萬美金。這份邀請報價單隨即在 1972 年 1 月 6 日發出。

通用動力F-16B戰隼式BLOCK 1 ▷

通用動力 F-16B Block 1，78-088，加州愛德華空軍基地空軍飛行測試中心，1990 年。這架飛機是服役最久的 F-16 之一──在 1979 年到 2000 年代初期這段時間定期飛行。

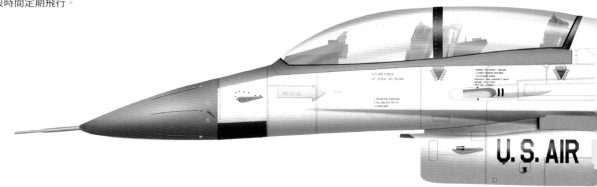

共有五間公司提供設計書，之後當局迅速把選擇縮減到諾斯洛普的雙引擎 P-600 和通用動力的單引擎 401 型。這兩間公司都收到一紙合約和資金，以建造兩架其設計的原型機，分別編號為 YF-17 和 YF-16。雖然還有人反對輕型戰鬥機計畫，但事實就是因為相當便宜而贏得了許多支持者。戰鬥機黑手黨成功地說服眾人，輕型戰鬥機和 F-15 可以形成「高成本／低成本混和」，簡單地說就是「高／低配」。

YF-16 的設計團隊由工程師希拉克（Harry Hillaker）領軍，他也負責 F-111 的相關工作，第一架原型機在 1973 年 12 月 13 日完工，並在 1974 年 2 月 2 日進行

通用動力F-16A戰隼式BLOCK 15 ▷

通用動力 F-16A Block 15，82-0938，荷母斯特（Homestead）空軍基地空軍後備部隊第 93 戰鬥機中隊，2005 年。

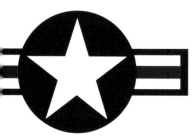

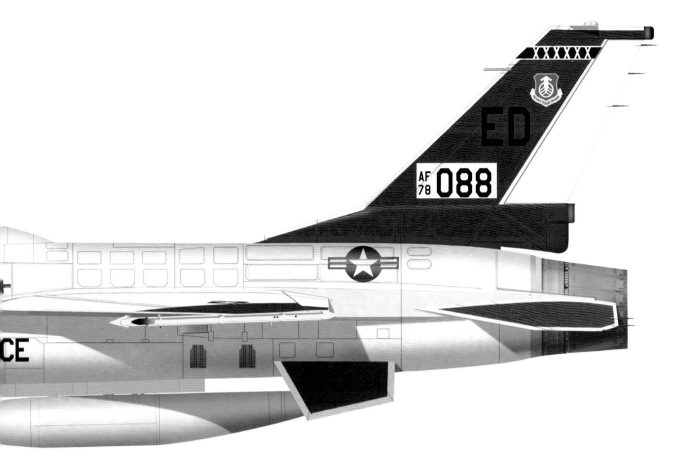

首趟正式飛行——不過它之前在 1974 年 1 月 20 日進行高速滑行測試時，就曾騰空長達六分鐘；第二架原型機在 1974 年 5 月 9 日首度升空，而諾斯洛普的 YF-17 原型機則分別在 6 月 9 日及 8 月 21 日首飛。

輕型戰鬥機競賽隨即變成採購計畫，這是因為先進但不昂貴的戰鬥機吸引了其他

北約國家空軍的注意。隨著 F-15 填補了純空優作戰的角色，美國空軍迫切需要有飛機來取代 F-4 和 F-105 等戰鬥轟炸機，因此決定輕型戰鬥機應該具備多功能的能力，並且會和 F-15 一起下單採購——安撫依然批評輕型戰鬥機的反對者。

YF-16 證明比 YF-17 機動性更強，也

使用跟 F-15 相同引擎，更具優勢，可確保零件共通性並降低成本，因此當局在 1975 年 1 月 13 日宣布由 YF-16 獲勝。不到四個月之後，YF-17 敗部復活，美國海軍訂購用來作為 F/A-18 大黃蜂式（Hornet）的基礎。

雖然美國空軍在剛開始時，訂購了 15 ▶

◀ 通用動力F-16A戰隼式BLOCK 15

通用動力 F-16A Block 15，82-0946，西班牙托雷宏（Torrejon）空軍基地第 613 戰術戰鬥機中隊，1984 年。

通用動力F-16戰隼式

架經過「全面研發」的F-16以進行飛行測試，但隨即削減到只有6架單座的F-16A和2架雙座的F-16B。YF-16的機身拉長26.9公分，並換上更大的機鼻，以容納AN/APG-66雷達；機翼面積從26平方公尺提高到27.9平方公尺，武器掛載點也增加了兩個，尾翼面積也加大。

第一架「研發」F-16A在1976年10月20日出廠，並在12月8日首飛；第一架「研發」的F-16B在1977年8月8日展開飛行測試。而第一架批量生產型的F-16A則是在1978年8月7日首飛，並在1979年1月6日交付給美國空軍，還在1980年7月21日獲得官方暱稱「戰隼式」（Fighting Falcon）。第34戰術戰鬥機中隊在1980年10月1日接收F-16A，是第一個接收這款戰機的非訓練作戰單位。

次年，由於這架飛機在高攻角的時候有嚴重失速傾向，引起愈來愈多關切，因此F-16的設計把水平安定尾翼加大25%，早期生產的飛機也進行改裝。

單座的F-16C以及雙座的F-16D在1984年導入，成為第25批次（Block 25）。第一架F-16C在1984年6月19日首度升空，並在同年12月時開始全面生產。其引擎使用普惠公司F100-PW-220E引擎，並有改良後的航電裝備與雷達，尤其是AN/APG-68，因此能夠使用超視距的AIM-7和AIM-120飛彈；它們也有改良的對地攻擊能力，可以掛載AIM-65D小牛飛彈。

F-16設計的下一次大升級在1986年進行，也就是F-16C/D Block 30/32，最大的改變是更換新的引擎，Block 30換成 ▶

▼ 通用動力F-16C戰隼式BLOCK 25

通用動力 F-16C Block 25，85-479，英國皇家空軍伍德布里治基地第527戰術戰鬥機中隊，1988年。第527戰術戰鬥機中隊的飛機負責扮演假想敵，對美國駐歐空軍部隊進行擬真空戰訓練。

通用動力F-16C戰隼式BLOCK 40 ▲

通用動力 F-16C Block 40，90-0776，北卡羅來納州波普（Pope）空軍基地第74戰術戰鬥機中隊，1995年。

通用動力F-16A戰隼式

通用動力 F-16A，南韓群山（Kunsan）空軍基地第 35 戰術戰鬥機中隊，1985 年。

通用動力F-16C戰隼式BLOCK 25

通用動力 F-16C Block 25，83-1121，亞利桑那州路克空軍基地第 312 戰術戰鬥機訓練中隊，1984 年。這是第一架交付給作業單位的 F-16C。

通用電氣 F110-GE-100 引擎，但 Block 32 繼續用原本的 F100-PW-220E 引擎。Block 30/32 能夠掛載 AGM-88A 高速反輻射飛彈（HARM），當然也可以使用 AGM-45 伯勞反輻射飛彈（ARM）。航電及誘餌設備也做了提升，干擾絲／熱焰彈的數目是之前的兩倍。新機在 1986 年 6 月 12 日首飛。

Block 40/42 在 1988 年導入，它們擁有數位飛控，取代 Block 25、30 和 32 上的老舊類比式系統，此外也有先進的全

像式抬頭顯示器，連線到馬丁 - 馬利埃塔（Martin Marietta）的低空導航和紅外線夜間目標瞄準系統（LANTIRN）莢艙。但若要安裝這具莢艙，F-16 的起落架支柱就需要稍微拉長，才會有比較適當的離地距離，因此起落架便需要較大的機輪和輪胎。連帶地，「突出的」起落架艙門也需要更換，這也代表原本安裝在主起落架艙門上的著路燈，也必須移到機鼻起落架艙門上。

航電升級代表 Block 40/42 的飛機現在有了自動地形追隨能力，還有新的全球定

位系統導航裝置以及新的誘餌發射器；為了應付裝備的額外重量，機體也進行強化。Block 40/42 的 F-16C 和 D 型現在可以使用鋪路式（Paveway）系列的導引武器，包括 GBU-10，GBU-12 和 GBU-24 等鋪路雷射導引炸彈與 GBU-15 滑翔炸彈。

駕駛 Block 40/42 的 F-16 的飛行員都能使用頭戴式夜視鏡，上有資料鏈系統，能夠允許前進空中管制官（Forward Air Controller）直接上傳新的資料給這架飛機的武器系統電腦，之後電腦再把這些資料傳

通用動力F-16C戰隼式BLOCK 25 ▼

通用動力 F-16C Block 25，83-1161，阿拉伯聯合大公國阿達夫拉（Al Dhafra）空軍基地第 33 戰術戰鬥機中隊，1991 年。F-16 對「沙漠之盾行動」和「沙漠風暴行動」都做出重大貢獻，在戰區中扮演許多不同的角色。

到飛行員的抬頭顯示器裡。Block 40/42 的飛機也是玻璃特殊塗裝計畫的一部份，目的是要降低雷達特徵，特色是配備金色的「氧化銦錫」駕駛艙座艙罩和雷達波吸收材料塗裝，最多可讓飛機的偵測難度提高到 15%。

美國空軍目前在使用的 F-16 最新版本是 Block 50/52──用來補足 Block 40/42。這個批次版本的特色是漢威聯合（Honeywell）H-423 環狀雷射陀螺儀慣性導航系統（Ring Laser Gyro Inertial Na-vigation System，RLGINS），使得飛行中校準的速度變得更快，還有強化的全球定位系統接收器、AN/ALR-56M 先進雷達警告接收器和一套崔寇（Tracor）AN/ALE-47 反制灑撒系統（countermeasure system）。Block 50 的飛機使用通用電器 F110-GE-129 引擎，而 Block 52 則使用普惠公司 F100-PW-229 引擎。第一架 Block 50/52 的飛機在 1991 年 10 月首度飛行，並於 12 月開始交機。自 1997 年起，飛機駕駛艙升級成更好的彩色顯示器，更先進的敵我識別（identification friend or foe，IFF）詢答器，還可以選擇使用 ASQ-213 高速反輻射飛彈標定系統。 ▶

通用動力F-16C (J)戰隼式BLOCK 50

通用動力 F-16C (J) Block 50，90-0803，日本三澤空軍基地第 14 戰術戰鬥機中隊，2007 年。F-16CJ 是這些飛機的非官方編號，它們肩負野鼬的角色。

通用動力F-16C戰隼式

通用動力 F-16C，85-0416，西德哈恩空軍基地第 313 戰術戰鬥機中隊，1988 年。美國空軍的 F-16 擁有戰術核武投射能力，這架飛機掛載 B61 訓練核彈。

通用動力F-16戰隼式

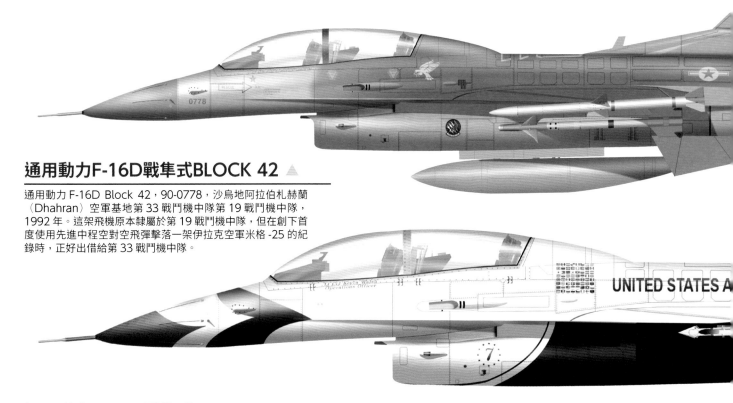

通用動力F-16D戰隼式BLOCK 42 ▲

通用動力 F-16D Block 42，90-0778，沙烏地阿拉伯札赫蘭（Dhahran）空軍基地第 33 戰鬥機中隊第 19 戰鬥機中隊，1992 年。這架飛機原本隸屬於第 19 戰鬥機中隊，但在創下首度使用先進中程空對空飛彈擊落一架伊拉克空軍米格 -25 的紀錄時，正好出借給第 33 戰鬥機中隊。

通用動力F-16D戰隼式BLOCK 52 ▲

通用動力 F-16D Block 52，91-0479，雷鳥隊 7 號機，2016 年。雷鳥特技表演隊目前使用的飛機是 F-16 戰鬥機。

通用動力F-16C戰隼式BLOCK 42 ▼

通用動力 F-16C Block 42，88-548，內華達州奈利斯空軍基地第 64 假想敵中隊，2007 年。

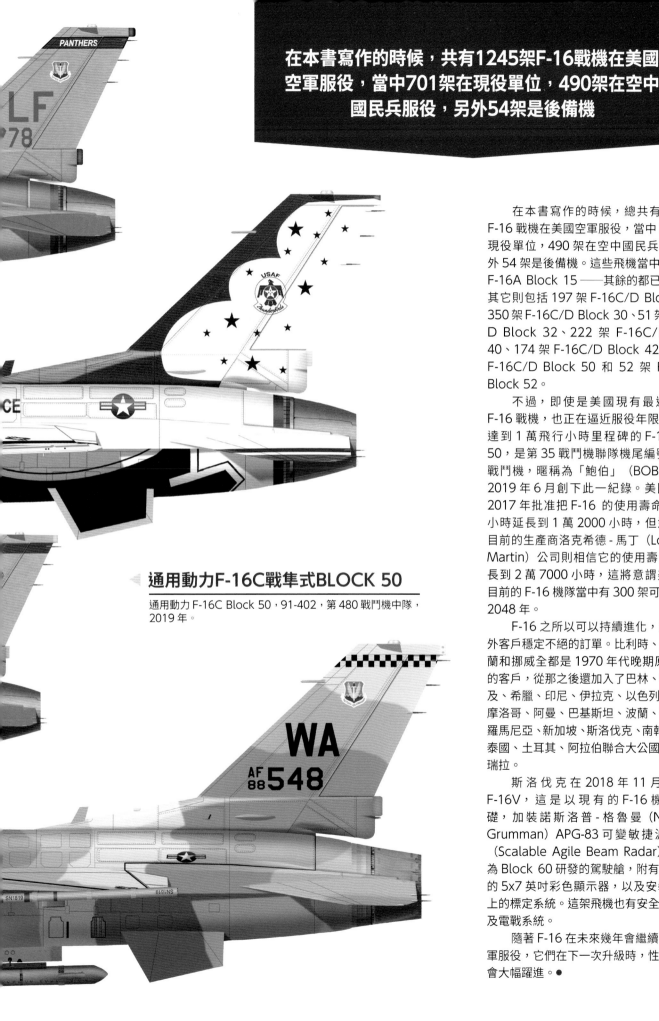

通用動力F-16C戰隼式BLOCK 50

通用動力 F-16C Block 50，91-402，第 480 戰鬥機中隊，2019 年。

在本書寫作的時候，總共有 1245 架 F-16 戰機在美國空軍服役，當中 701 架在現役單位，490 架在空中國民兵服役，另外 54 架是後備機。這些飛機當中只有一架 F-16A Block 15——其餘的都已經退役，其它則包括 197 架 F-16C/D Block 25、350 架 F-16C/D Block 30、51 架 F-16C/D Block 32、222 架 F-16C/D Block 40、174 架 F-16C/D Block 42、198 架 F-16C/D Block 50 和 52 架 F-16C/D Block 52。

不過，即使是美國現有最近生產的 F-16 戰機，也正在逼近服役年限。第一架達到 1 萬飛行小時里程碑的 F-16 Block 50，是第 35 戰鬥機聯隊機尾編號 808 的戰鬥機，暱稱為「鮑伯」（BOB），它在 2019 年 6 月創下此一紀錄。美國空軍在 2017 年批准把 F-16 的使用壽命從 8000 小時延長到 1 萬 2000 小時，但這款戰機目前的生產商洛克希德 - 馬丁（Lockheed Martin）公司則相信它的使用壽命可以延長到 2 萬 7000 小時，這將意謂美國空軍目前的 F-16 機隊當中有 300 架可以服役到 2048 年。

F-16 之所以可以持續進化，要感謝國外客戶穩定不絕的訂單。比利時、丹麥、荷蘭和挪威全都是 1970 年代晚期原版 F-16 的客戶，從那之後還加入了巴林、智利、埃及、希臘、印尼、伊拉克、以色列、約旦、摩洛哥、阿曼、巴基斯坦、波蘭、葡萄牙、羅馬尼亞、新加坡、斯洛伐克、南韓、臺灣、泰國、土耳其、阿拉伯聯合大公國以及委內瑞拉。

斯洛伐克在 2018 年 11 月時訂購 F-16V，這是以現有的 F-16 機體為基礎，加裝諾斯洛普 - 格魯曼（Northrop Grumman）APG-83 可變敏捷波束雷達（Scalable Agile Beam Radar），還有為 Block 60 研發的駕駛艙，附有三塊先進的 5x7 英吋彩色顯示器，以及安裝在頭盔上的標定系統。這架飛機也有安全的資料鏈及電戰系統。

隨著 F-16 在未來幾年會繼續在美國空軍服役，它們在下一次升級時，性能無疑又會大幅躍進。●

洛克希德-馬丁F-22猛禽式

1997至今

最先進的 F-22 戰鬥機是原生的第五代匿蹤戰鬥機，毫無被更晚出現的對手超越的跡象。

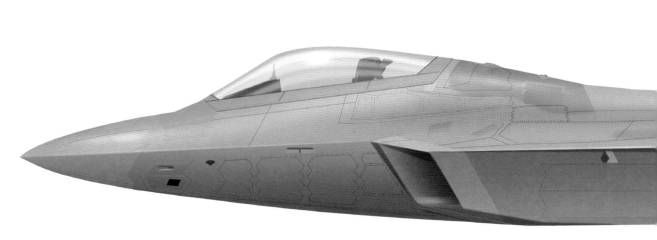

洛克希德-馬丁
F-22A-1-LM猛禽式 ▽

洛克希德 - 馬丁 F-22A-1-LM 猛禽式，91-4001，1997
年。當第一架「工程暨製造開發」（Engineering &
Manufacturing Development，EMD）版本的 F-22A
公開亮相時，美國精神（Spirit of America）和猛禽一
號（Raptor One）這兩句標語就漆在尾翼上。

到 F-15 和 F-16 服役後，美國空軍就著手擬定後續替代機種的計畫。由於科技進步的速度如此之快，使得新的輕量化合金、複合材料、強勁推進系統和匿蹤科技，首次達到批量生產型的飛機能夠運用的程度。

先進戰術戰鬥機（Advanced Tactical Fighter）計畫在 1981 年啟動，之後經過長達四年評估、諮詢及考慮後，當局在 1985 年 9 月發出邀請報價單，內容著重在需要應用匿蹤和超音速巡航科技。共有七間公司提出設計方案──洛克希德、波音、通用動力、麥克唐納 - 道格拉斯、諾斯洛普、格魯曼（Grumman）與洛克威爾──接著在 1986 年 10 月 31 日篩選到剩下洛克希德和諾斯洛普。不過，沒有成功擠入名單的公司並未被淘汰，波音和通用動力與洛克希德組成夥伴關係，而麥克唐納 - 道格拉斯則加入諾斯洛普這一邊。

這兩支承包商隊伍之後就展開設計、研究、發展和打造原型機工作──這個過程稱為示範及驗證，共長達四年又兩個月。每個團隊都根據其設計打造出兩架原型機，每一架都分別使用不同的引擎──普惠公司 YF119 和通用電氣 YF120。

諾斯洛普的第一架 YF-23 在 1990 年 8 月 27 日首度飛行，而洛克希德的第一架 YF-22 則是在 1990 年 9 月 29 日首次升空。比較試驗的結果表明，YF-23 速度較快、匿蹤效果較好，但是 YF-22 則是在機動性方面勝出。這兩個團隊都在 1990 年 12 月提交各自的評估結果報告，當局則在 1991 年 4 月 23 日宣布由 YF-22 獲勝，而 YF119 則被選為 F-22 戰鬥機生產型的指定引擎。

F-22A 和 YF-22 有相當大的不同，主要在於前緣機翼後掠為 42 度，而非 48 度，尾翼的位置改成更靠近飛機後方，而面積也縮減 20%。駕駛艙座艙罩的位置朝機鼻移近了 17.8 公分，以改善飛行員的視野，引擎進氣口則向後移了 35.6 公分。機翼的後緣和水平安定尾翼也在工作的過程中修改，以便改善強度和匿蹤特性。

F-22A 配置兩具緊密排列的普惠公司 F119-PW-100 增強型渦輪扇引擎，擁有俯仰軸（pitch-axis）推力向量噴嘴，活動範圍為俯仰各 20 度，每具引擎都可提供 3 萬 5000 磅－呎（4838.9 公斤力－公尺）的推力，在開啟省油超音速巡航模式飛行，沒有後燃器的情況下，極速可達 1.8 馬赫──開啟後燃器時可以達到 2 馬赫以上。

它的航電系統包括桑德斯（Sanders）／通用電氣 AN/ALR-94 電子戰系統、洛克希德 - 馬丁 AN/AAR-56 紅外線和紫外線飛 ▶

◀ 洛克希德-馬丁
F-22A-35-LM
猛禽式

洛克希德 - 馬丁 F-22A-35-LM 猛禽式，09-4176，第 27 戰鬥機中隊。第 27 戰鬥機中隊是第一個配備猛禽式的戰鬥中隊。

洛克希德-馬丁F-22猛禽式

洛克希德-馬丁F-22A-30-LM猛禽式 ▶

洛克希德 - 馬丁 F-22A-30-LM 猛禽式，05-4106，新墨西哥州霍羅曼空軍基地第 7 戰鬥機中隊，2008 年。猛禽式擁有一個機腹武器艙和兩個側邊武器艙，在本圖中呈開啟狀態。

彈發射偵測器和西屋／德州儀器 AN/APG-77 主動電子掃描陣列雷達 (Electronically Scanned Array Radar)。AN/ARL-94 是一款被動雷達偵測器，共有超過 30 組天線安裝在機翼與機身內，以便雷達警告接收器達到全方位的覆蓋範圍，其探測距離甚至超過飛機本身的雷達。APG-77 本身能夠在任何天候下追蹤多個目標，而其提供的資料會和飛機上其他感測器提供的資料一起，由兩個休斯生產的共通整合處理器 (Common Integrated Processor) 處理，每個處理器每秒都能處理多達 105 億條指令，這些資料之後都會作為綜合視角呈現在飛行員面前。歸功於 F-22 的威脅偵測和識別能力，它也能夠發揮迷你空中警戒與管制系統 (AWACS) 的功能，並且迅速為盟國及協同的友軍飛機指定目標。

F-22A 的駕駛艙內有大量全數位化飛行設備。抬頭顯示器是主要的飛行設備，但資訊也會經由六塊彩色液晶顯示面板提供給飛行員。

洛克希德-馬丁F-22A-10-LM猛禽式 ▽

洛克希德 - 馬丁 F-22A-10-LM 猛禽式，99-4011，內華達州奈利斯空軍基地第 57 聯隊第 433 武器中隊。第 433 武器中隊是美國空軍武器學校的一個單位，負責提供武器教官的課程。

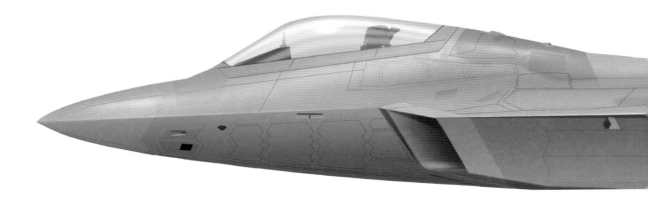

洛克希德-馬丁F-22A-10-LM猛禽式

洛克希德 - 馬丁 F-22A-10-LM 猛禽式，00-4013，佛羅里達州廷德爾空軍基地第 325 戰鬥機聯隊第 43 戰鬥機中隊。第 43 戰鬥機中隊是本型戰機的正式訓練單位。

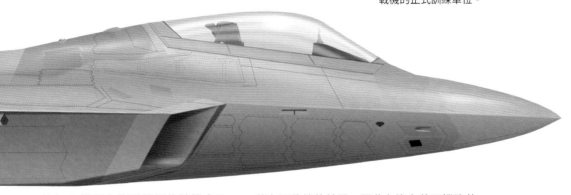

這架飛機所有的酬載都位於機身內，在機身下方有一個大型武器艙，機身兩側則各有一個較小的武器艙。它可以在這些武器艙裡掛載各式武器彈藥，從聯合直接攻擊彈藥（JDAM）到 AIM-120 先進中程空對空飛彈都可以。F-22 也在右翼翼根內配備 20 公釐口徑的 M61A2 火神機砲，它的砲口蓋有可伸縮的艙門，因此在沒有使用機砲的時候，能夠維持飛機匿蹤輪廓的完整。

這架飛機可觀的匿蹤能力來自機體的形狀和使用雷達波吸收材料——更不用說對細節的注意，所有任何看得到的鉸鏈或其他 ▶

突出物都會被移除。一種特殊塗料能夠降低 F-22 的紅外線特徵,而且它還可以主動冷卻機翼前緣,以防止在超音速飛行時累積熱量。

當時原本還有計畫要推出雙座的 F-22B,但在 1996 年取消;另外還有一項提案是中程的 FB-22 超音速匿蹤轟炸機版本,但也同樣被取消。

第一架工程及製造發展版本的 F-22 在 1997 年 4 月 9 日出廠,並在 1997 年 9 月 7 日首度飛行。從這一年開始,生產工作將持續 15 年。美國空軍原本計畫採購 750 架 F-22,總價達 443 億美金,但 1990 年的「重大飛機檢討」卻在 1996 年起把總數刪減到 648 架。到了次年,這個數字剩下 339 架。到了 2003 年又再度削減至 277 架。一年之後,美國國防部對這個計畫又大筆一揮,刪到僅剩 183 架可用飛機。

F-22 計畫的成本在整個

2000 年代持續上揚,而且有愈來愈多人提出質疑,在冷戰之後是否還需要這樣的飛機。2006 年 9 月,美國國會通過一項全面禁令,禁止 F-22 銷售到海外,目的是要保護這架飛機的匿蹤科技和系統,不過曾在 2010 年考慮過解除禁令。可用飛機的總數設在 187 架,而第 195 架、同時也是最後一架則是在 2011 年 12 月完成,並在 2012 年 5 月 2 日交付給美國空軍。

隨著俄國的下一代和中國的第五代戰機追趕上美國最新戰鬥機的態勢日趨明顯,美國眾議院軍事委員會下的陸空戰術部隊小組委員會,在 2016 年 4 月提出立法,要求美國空軍評估繼續生產 F-22 可能會增加的成本。不過在 2017 年 6 月 9 日,美國空軍向國會提出報告,指出沒有計畫重新開

洛克希德-馬丁 F-22A-10-LM猛禽式 ▼

洛克希德 - 馬丁 F-22A-10-LM 猛禽式，91-4008，加州愛德華空軍基地空軍物資司令部第412 測試聯隊第 411 飛行測試中隊。這個單位負責先進戰術戰鬥機計畫期間 YF-22 和 YF-23原型機之間的飛行競賽，之後第 411 飛行測試中隊依然執行 F-22A 猛禽式的測試任務。

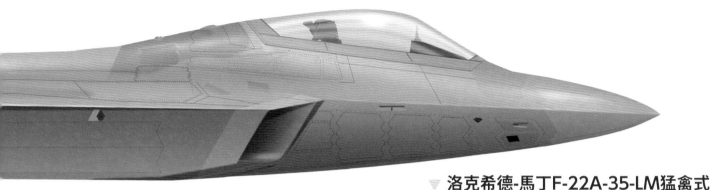

始生產 F-22，因為成本太過巨大——生產194 架大約需要 500 億美金，每架的成本約在 2 億 600 萬美金到 2 億 1600 萬美金之間，還要加上啟動這項計畫的成本。

F-22 擁有無懈可擊的空優表現，還有無與倫比的匿蹤性能，使它成為這個世界上目前為止所能夠製造出來最優異的戰鬥機，不過它的性能當然也反映在價格上。●

▽ 洛克希德-馬丁F-22A-35-LM猛禽式

洛克希德 - 馬丁 F-22A-35-LM 猛禽式，09-4190，阿拉斯加州埃爾門多夫（Elmendorf）空軍基地太平洋空軍第 3 聯隊第 90 戰鬥機中隊。猛禽式在進行運渡飛航時能夠掛載外掛式油箱。

▽ 洛克希德-馬丁F-22A猛禽式

洛克希德 - 馬丁 F-22A 猛禽式，第 1 作戰群，2019 年。在「堅定決心行動」（Operation Inherent Resolve）期間，F-22 部署到中東地區，並執行了幾趟任務，像是對地攻擊和情報監視與偵察任務等。

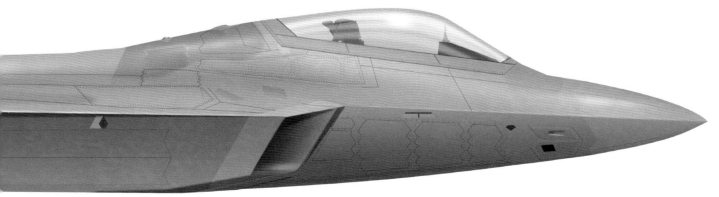

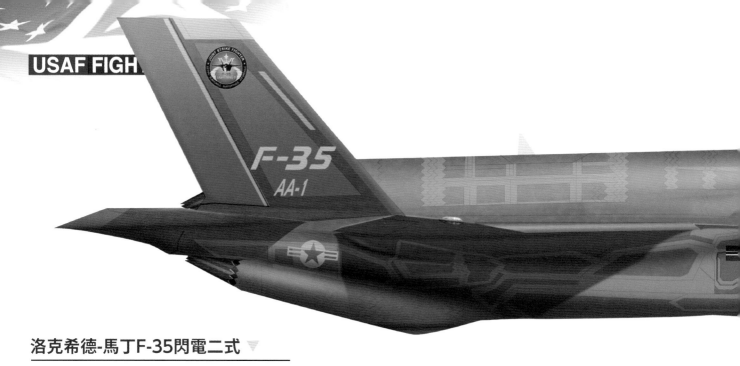

洛克希德-馬丁F-35閃電二式 ▽

洛克希德 - 馬丁 F-35 閃電二式，AF-01，加州愛德華空軍基地第 461 飛行測試中隊，2006 年。它是第一架用來進行外掛武器飛行測試的飛機。

洛克希德-馬丁 F-35閃電二式

2006至今

一款為所有人設計的全能戰鬥機很可能成為多災多難的源頭，但是 F-35 ——現在已經進入美國空軍單位服役——在各方面都採用了最尖端科技，不可否認這是世界上最先進的戰鬥機。

聯合攻擊戰鬥機計畫（Joint Strike Fighter programme）帶來的 F-35，其實是兩項早期計畫合併的結果——共通可負擔輕量化戰鬥機（Common Affordable Lightweight Fighter）以及聯合先進攻擊科技（Joint Advanced Strike Technology, JAST），前者打算要為美國海軍陸戰隊和英國皇家海軍生產一款垂直／短場起降（vertical and/or short take-off and

洛克希德-馬丁F-35閃電二式

洛克希德 - 馬丁 F-35 閃電二式，AA-1，加州愛德華空軍基地第461 飛行測試中隊，2006 年。第一架 F-35A 在 2006 年 12 月15 日首飛。

landing，V/STOL）飛機。

聯合先進攻擊科技的目的，是要開發出一種使用最尖端科技的飛機，可以只用一種共通設計就取代絕大部分美軍戰鬥機；把這兩項計畫合而為一，代表新的戰鬥機也將會取代絕大部分美國海軍的戰鬥機。

聯合先進攻擊科技計畫的研究，使五角大廈決意繼續進行美國空軍的 F-22 計畫，以及美國海軍的 F/A-18E/F 超級大黃蜂式計畫，但取消了另外兩個進一步的計畫──多功能戰鬥機（Multi-Role Fighter）和 A/F-X。由於預期新式共通戰鬥機最後將會取代 F-16 和 F/A-18C/D，因此這兩款戰機的採購數量也變少。

1993 年，麥克唐納 - 道格拉斯、諾斯洛普 - 格魯曼（Northrop Grumman）、洛克希德 - 馬丁和波音等公司將設計研究報告，提交給了聯合先進攻擊科技計畫，而聯合攻擊戰鬥機計畫在 1994 年啟動。目標是要打造出一種價格能夠負擔，且空優的角色上也會僅次於 F-22 的攻擊機。為了符合如此歧異的軍種及角色要求，它會以三種構型出現──一種是依照傳統的方式起降；

一種是有能力進行短場起飛／垂直降落；另外一種則是適合在航空母艦上操作的彈射輔助起飛攔阻回收（Catapult Assisted Take-Off But Arrested Recovery, CATOBAR）。1995 年 11 月，英國同意支付 2 億美元加入費用，成為計畫夥伴。

一年之後，也就是 1996 年 11 月 16 日，洛克希德 - 馬丁和波音都收到價值 7 億 5000 萬美金的合約，以便研發原型機。洛克希德 - 馬丁的設計代號為 X-35，波音的代號則為 X-32。洛克希德 - 馬丁發展出兩架 X-35 原型機──一架是 X-35A，之後轉換成 X-35B，以及擁有比較大機翼的 X-35C。X-35A 在 2000 年 10 月 24 日完成首飛，接著在 2000 年 11 月 22 日開始動工改裝成 X-35B；X-35C 在 2000 年 12 月 16 日首度升空飛行。在最後考核的聯合攻擊戰鬥機飛行測試期間，X-35B 短場起飛／垂直降落（STOVL）型能夠在 152.4 公尺長的距離內起飛，達到超音速，然後垂直降落──波音的原型機設計在這方面無法匹敵。

當局在 2001 年 10 月 26 日宣布洛克

希德 - 馬丁勝出，該公司獲得一紙系統研發和驗證的合約。聯合攻擊戰鬥機計畫此時已經有美國、英國、義大利、荷蘭、加拿大、土耳其、澳洲、挪威及丹麥共同出資。

在進一步發展的時候，洛克希德 - 馬丁把 X-35 稍微放大，把前段機身拉長 12.7 公分，多出來的空間用來放置航電設備，水平安定尾翼則相應地往後移動 5 公分以維持平衡。機身上部則沿著中線也加高 2.5 公分。第一架原型機所需的零件在 2003 年 11 月 10 日開始生產。

X-35 曾經缺了一個武器艙，加上去之後導致設計變更，使這架飛機的重量增加了 997.9 公斤。洛克希德 - 馬丁對此提高了引擎推力，減輕機身部分構件重量、縮減武器艙和飛機尾翼的尺寸；電子系統也有變動，駕駛艙後方的機身部位也做了修改。這些所有的更動，成功減輕了 1,224.7 公斤的重量，但卻付出高達 62 億美金的成本，以及額外 18 個月的研發時間。

F-35 的動力來源是一具推力達 5 萬磅（22679.6 公斤）的普惠公司 F135 引擎，雖然沒有超音速巡航功能，但卻可以在不 ▶

洛克希德-馬丁F-35A閃電二式 ▲

洛克希德 - 馬丁 F-35A 閃電二式，07-0744，AF-06，加州愛德華空軍基地第 461 飛行測試中隊，2011 年。第一架生產型的飛機在 2011 年 5 月交付給美國空軍。

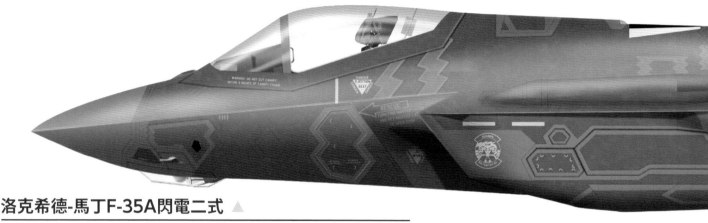

洛克希德-馬丁F-35A閃電二式 ▲

洛克希德 - 馬丁 F-35A 閃電二式，14-5094，猶他州希爾空軍基地第 34 戰鬥機中隊，2016 年。第 34 戰鬥機中隊在 2015 年裝備 F-35，並在次年宣布成為美國空軍第一個達到初始作戰能力的 F-35 中隊。

開後燃器的狀況下，以 1.2 馬赫的速度飛行 241.4 公里，若是開啟後燃器的話，F-35 的極速可以達到 1.6 馬赫。短場起飛／垂直降落的版本 F-35B 配備勞斯萊斯的升力系統（LiftSystem），這套系統的特點是配置一組推力向量噴嘴，允許主引擎排氣能夠從飛機尾端轉向下方噴射。

它的基本武裝是一門安裝在機身內的 25 公釐口徑 GAU-22/A 機砲，在 F-35A 上備彈 182 發；在 F-35B 和 C 上則是以外掛莢艙方式安裝，備彈 220 發，莢艙本身也有匿蹤設計。F-35 全部三個次型號都擁有四組機翼下派龍架，可掛載 AIM-120 先進中程空對空飛彈、AGM-158 巡弋飛彈以及導引炸彈；它們也有兩組接近翼尖的派龍架，可用來掛載 AIM-9X 響尾蛇飛彈與 AIM-132 先進短程空對空飛彈（ASRAAM）。

F-35 的兩個內部武器艙能夠攜帶多達四樣武器——當中兩個是空對面飛彈或炸彈，另外兩個則是空對空飛彈，像是 AIM-120 或 AIM-132，若是同時使用內部和外部掛點的話，最多可以掛載 8 枚 AIM-120 和 2 枚 AIM-9 飛彈。

在駕駛艙內，F-35 擁有 20x8 英吋的觸控式螢幕、語音辨識系統、安裝在頭盔上的顯示器、右手側的控制桿、馬丁 - 貝克（Martin-Baker）彈射椅、以及從 F-22 機上衍生而來的氧氣製造系統。由於已經配備頭盔顯示器，這架飛機就沒有再配備抬頭顯示器。它的雷達是諾斯洛普 - 格魯曼電子系統研發的 AN/APG-81 雷達，還在機鼻加裝光電瞄準系統（Electro-Optical Targeting System）。F-35 的電子戰套件 AN/ASQ-239 梭魚（Barracuda），具備紅外線追蹤及射頻感測器整合功能、先進雷

> **F-35的兩個內部武器艙能夠攜帶多達四樣武器——當中兩個是空對面飛彈或炸彈，另外兩個則是空對空飛彈**

達警告接收器，當中包括威脅地理位置標定與多光譜影像反制措施。

F-35 的機翼和尾部嵌入了 10 組射頻天線，而全機總共擁有 6 組被動紅外線感測器，屬於諾斯洛普 - 格魯曼的 AN/AAQ-37 分散式孔徑系統。這套系統能夠提供飛彈警告、報告飛彈發射位置、偵測並追蹤接近的飛機，並取代傳統夜視裝置。 ▶

洛克希德-馬丁
F-35A閃電二式 ▽

洛克希德 - 馬丁 F-35A 閃電二式，15-5164，亞利桑那州路克空軍基地第 63 戰鬥機中隊，2018 年。F-35A 擁有一個機腹武器艙，能夠攜帶數種空對地和／或空對空武器。

洛克希德-馬丁F-35閃電二式

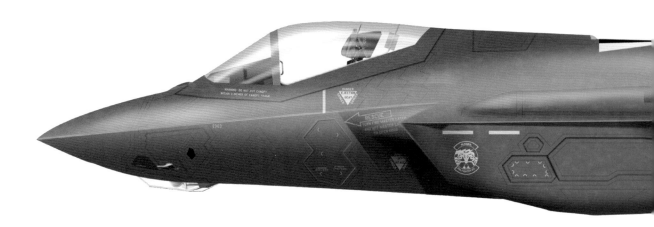

第一架 F-35 編號 AA-1，在 2006 年 2 月 20 日出廠，並在 2006 年 7 月 7 日被正式賦予閃電二式（Lightning II）這個名字——這個「二」使這架飛機成為二次大戰期間美國陸軍航空軍 P-38 閃電式，以及冷戰期間英國的英國電氣（English Electric）閃電式戰鬥機的精神傳人。AA-1 號機在 2006 年 12 月 15 日首度升空飛行，第一架 F-35B 則在 2008 年 6 月 11 日首飛。到了 2009 年 1 月 5 日，F-35 總計生產了 6 架。

6 架中的 F-35C 在 2010 年 6 月 6 日首度亮相飛行，第一架生產型 F-35A 編號 AF-6，則在 2011 年 2 月 25 日首飛。美國空軍在 2011 年 5 月 5 日正式接收第一架 F-35A，洛克希德 - 馬丁則在 2011 年 7 月 14 日把第一架 F-35A 運交到佛羅里達州的埃格林空軍基地，以準備進行飛行員和工程師訓練。第一架 F-35B 在 2012 年 7 月 11 日交付給美國海軍陸戰隊，而英國則在 2012 年 7 月 12 日正式接收第一架 F-35B。美國海軍在 2013 年 6 月 22 日接收第一架 F-35C。

隨著時間的過去，F-35 計畫飽受爭議，主要是由於預算超支、進度延誤以及有關工業間諜罪名的指控。這架飛機的性能表現也受到嚴密審查，有些批評者認為它的機動性

洛克希德-馬丁F-35閃電二式 ▲

洛克希德 - 馬丁 F-35 閃電二式，17-5251，猶他州希爾空軍基地第 421 戰鬥機中隊，2019 年。閃電二式除了內部酬載能力外，還可以在機身外掛載武器 / 油箱。

洛克希德-馬丁F-35A閃電二式 ▽

洛克希德 - 馬丁 F-35A 閃電二式，15-5192，阿拉伯聯合大公國阿達夫拉空軍基地第 34 戰鬥機中隊，2019 年。美國空軍的 F-35A 在「堅定決心行動」（Operation Inheart Resolve）期間首度投入戰鬥，照片顯示它們配備機翼飛彈發射軌和盧納貝格（Luneberg）雷達反射器。

能平凡無奇，武器酬載也不適當。而在面對愈來愈複雜的國外戰機，像是俄國蘇愷（Sukhoi）Su-57 和中國殲 -20 的時候，它是否有能力應付這些威脅也備受質疑。

在 2010 年有一份報告指出，F-35 在從 0.8 馬赫加速到 1.2 馬赫時，要比它將要取代的 F-16 多花 43 秒，此外也有人關切 F-35 駕駛艙視野不佳、匿蹤塗層有縫隙、油箱容易受到破壞而產生

的火災風險、各種工程問題、F-35 頭盔的高假警報率、軟體錯誤與缺陷，以及可靠度低、妥善率差等種種狀況。

2015 年 7 月，一份外洩的洛克希德 - 馬丁報告顯示，F-35 的機動性比加掛機翼油箱的老舊 F-16D 還要差。五角大廈對此

回應表示，F-35 並不是要拿來空中纏鬥，而是擾亂敵人的先進防空系統。它有感測器，能夠在視距外就偵測到敵機並接戰，根本不需要拉近距離纏鬥，此外也有人指出，F-35 在未來可能帶來更靈活的機動性。

許多早期的美國戰機克服了研發階段的種種困難，脫胎換骨成為它們那個世代最優異的作戰飛機，F-35 是否能夠有相同的表現，就讓我們拭目以待。●

▽ 洛克希德-馬丁F-35 閃電二式

洛克希德 - 馬丁 F-35 閃電二式，內華達州奈利斯空軍基地第 65 假想敵中隊，2022 年。2019 年時，美國空軍通過讓第 65 假想敵中隊復役的計畫，並配備 F-35A。這張圖片是該單位飛機可能的外觀塗裝示意圖。

【世界飛機系列 07】

美國空軍戰鬥機

細數戰機開發歷史沿革 & 200 款獨特塗裝

作者／ MORTONS
特約主編／王存立
翻譯／于倉和
編輯／林庭安
發行人／周元白
出版者／人人出版股份有限公司
地址／ 231028 新北市新店區寶橋路 235 巷 6 弄 6 號 7 樓
電話／ (02)2918-3366（代表號）
傳真／ (02)2914-0000
網址／ www.jjp.com.tw
郵政劃撥帳號／ 16402311 人人出版股份有限公司
製版印刷／長城製版印刷股份有限公司
電話／ (02)2918-3366（代表號）
香港經銷商／一代匯集
電話／ （852） 2783-8102
第一版第一刷／ 2023 年 04 月
定價／新台幣 500 元
港幣 167 元

國家圖書館出版品預行編目資料

美國空軍戰鬥機：細數戰機開發歷史沿革 &200
款獨特塗裝 = USAF fighters / MORTONS 作；于
倉和翻譯 . -- 第一版 . -- 新北市：人人出版股份有
限公司 , 2023.04
　　面；　公分 . -- (世界軍機系列 07)
譯自：USAF fighters
ISBN 978-986-461-327-4(平裝)
1.CST: 戰鬥機 2.CST: 歷史 3.CST: 美國

598.61　　　　　　　　　　　　112001980

All illustrations ／ JP Vieira
Design ／ Sean phillips, ATG-MEDIA.COM
Publisher ／ STEVE O'HARA
Publishing editor ／ DAN SHARP